高等院校嵌入式人才培养规划教材

Gaodeng Yuanxiao Qianrushi Rencai Peiyang Guihua Jiaocai

嵌入式应用程序设计综合教程

华清远见嵌入式学院 曾宏安 冯利美 主编

Embedded
Application Design

人民邮电出版社

北　京

图书在版编目（ＣＩＰ）数据

嵌入式应用程序设计综合教程 / 曾宏安，冯利美主
编. -- 北京 ：人民邮电出版社，2014.2
高等院校嵌入式人才培养规划教材
ISBN 978-7-115-33000-0

Ⅰ．①嵌… Ⅱ．①曾… ②冯… Ⅲ．①
Linux操作系统－高等学校－教材 Ⅳ．①TP316.89

中国版本图书馆CIP数据核字(2013)第204632号

内 容 提 要

　　本书结合大量实例，讲解了嵌入式应用程序设计各个方面的基本方法，以及必要的核心概念。主
要内容包括搭建嵌入式 Linux 开发环境、标准 I/O 编程、文件 I/O 编程、进程控制开发、进程间通信、
多线程编程、嵌入式 Linux 网络编程等。重视应用是贯穿全书的最大特点，本书在各章和全书结尾分
别设置了在项目实践中常见和类似的应用实例。

　　本书可以作为高等院校电子、通信、计算机、自动化等专业的嵌入式 Linux 开发课程的教材，也
可供嵌入式开发人员参考。学习本书应具有 Linux C 语言编程的基本知识。

◆ 主　　编　华清远见嵌入式学院 曾宏安　冯利美
　　责任编辑　王　威
　　责任印制　杨林杰

◆ 人民邮电出版社出版发行　　北京市丰台区成寿寺路 11 号
　　邮编　100164　　电子邮件　315@ptpress.com.cn
　　网址　http://www.ptpress.com.cn
　　北京中新伟业印刷有限公司印刷

◆ 开本：787×1092　1/16
　　印张：13.5　　　　　　　　2014 年 2 月第 1 版
　　字数：328 千字　　　　　　2014 年 2 月北京第 1 次印刷

定价：39.80 元（附光盘）

读者服务热线：(010)81055256　印装质量热线：(010)81055316
反盗版热线：(010)81055315
广告经营许可证：京崇工商广字第 0021 号

前　言

随着消费群体对产品要求的日益提高，嵌入式技术在消费类电子、智能家电、通信、汽车电子、医疗设备等领域得到了广泛的应用。企业对嵌入式人才的需求也越来越多。近几年来，各高等院校和高等职业院校开始纷纷开设嵌入式专业或方向。与此同时，各院校在嵌入式专业教学建设的过程中几乎都面临教材难觅的困境。虽然目前市场上的嵌入式开发相关书籍比较多，但几乎都是针对有一定基础的行业内研发人员而编写的，并不完全符合学校的教学要求。学校教学需要一套充分考虑学生现有知识基础和接受能力，明确各门课程教学目标的，便于学校安排课时的嵌入式专业教材。

针对教材缺乏的问题，我们以多年来在嵌入式工程技术领域内人才培养、项目研发的经验为基础，汇总了近几年积累的数百家企业对嵌入式研发相关岗位的真实需求，调研了数十所开设"嵌入式工程技术"专业的高等院校和高等职业院校的课程设置情况、学生特点和教学用书现状。通过细致的整理和分析，对专业技能和基本知识进行合理划分，我们在 2009 年编写了一套高等院校嵌入式人才培养规划教材，包括以下 5 种。

《嵌入式技术基础》

《ARM 嵌入式体系结构与接口技术》

《嵌入式 Linux 操作系统》

《嵌入式 Linux C 语言开发》

《嵌入式应用程序设计》

经过 4 年，嵌入式行业发生了巨大的变化，产品升级换了代，而高校中的嵌入式专业也日趋成熟，有些教材已无法满足新的需要，有的新开的课程缺少配套教材，所以本次又增补了几个新品种。

本书是其中之一，全书共 7 章，内容涵盖嵌入式 Linux 应用开发的主要方面。

第 1 章介绍 Linux 标准 I/O 编程，让读者了解用户编程接口（API）和系统调用之间的关系并掌握基本的文件访问方法。

第 2 章介绍 Linux 文件 I/O 编程，分析了标准 I/O 和文件 I/O 的区别，重点讲解文件描述符的含义和具体的文件 I/O 编程接口。

第 3 章介绍 Linux 多任务机制，主要讲解了 Linux 中进程和线程的区别和联系、如何创建多进程以及守护进程。

第 4 章介绍 Linux 进程间通信，主要讲解了几种常用的进程通信方法，包括管道通信、信号通信、共享内存、消息队列等。

第 5 章介绍 Linux 多线程编程，主要讲解了 Linux 环境下的多线程编程方法及注意事项。

第 6 章介绍 Linux 网络编程，主要讲解了 Linux 环境下的网络编程方法，涉及网络体系结构、TCP 编程、UDP 编程和服务器模型等。

第 7 章介绍 Linux 高级网络编程，主要讲解网络超时检测、广播、组播和 UNIX 域套接字的基本编程方法。

本书由曾宏安、冯利美主编并统校全稿。本书的完成需要感谢华清远见嵌入式学院，教材内容参考了学院与嵌入式企业需求无缝对接的、科学的专业人才培养体系。同时，嵌入式学院从业或执教多年的行业专家团队也对教材的编写工作做出了贡献，刘洪涛、冯利美、曹忠明、赵孝强、程姚根、季久峰、贾燕枫、关晓强等老师在书稿的编写过程中认真阅读了所有章节，提供了大量在实际教学中积累的重要素材，对教材结构、内容提出了中肯的建议，并在后期审校工作中提供了很多帮助，在此表示衷心的感谢。

本书所有源代码、PPT 课件、教学素材等辅助教学资料，请到人民邮电出版社教学服务与资源网（www.ptpedu.com.cn）下载。

由于作者水平所限，书中不妥之处在所难免，恳请读者批评指正。对于本书的批评和建议，可以发到 www.embedu.org 技术论坛。

编　者
2013 年 6 月

目　录

第1章

Linux 标准 I/O 编程

在应用开发中经常要访问文件。Linux 下读写文件的方式有两大类：标准 I/O 和文件 I/O。其中标准 I/O 是最常用也是最基本的内容，希望读者好好掌握。

本章主要内容：

- Linux 系统调用和用户编程接口（API）；
- Linux 标准 I/O 概述；
- 标准 I/O 操作。

1.1 Linux 系统调用和用户编程接口

1.1.1 系统调用

操作系统负责管理和分配所有的计算机资源。为了更好地服务于应用程序，操作系统提供了一组特殊接口——系统调用。通过这组接口用户程序可以使用操作系统内核提供的各种功能。例如分配内存、创建进程、实现进程之间的通信等。

为什么不允许程序直接访问计算机资源？答案是不安全。单片机开发中，由于不需要操作系统，所以开发人员可以编写代码直接访问硬件。而在 32 位嵌入式系统中通常都要运行操作系统，程序访问资源的方式就发生了改变。操作系统基本上都支持多任务，即同时可以运行多个程序。如果允许程序直接访问系统资源，肯定会带来很多问题。因此，所有软硬件资源的管理和分配都由操作系统负责。程序要获取资源（如分配内存，读写串口）必须通过操作系统来完成，即用户程序向操作系统发出服务请求，操作系统收到请求后执行相关的代码来处理。

用户程序向操作系统提出请求的接口就是系统调用。所有的操作系统都会提供系统调用接口，只不过不同的操作系统提供的系统调用接口各不相同。Linux 系统调用接口非常精简，它继承了 UNIX 系统调用中最基本和最有用的部分。这些系统调用按照功能大致可分为进程控制、进程间通信、文件系统控制、存储管理、网络管理、套接字控制、用户管理等几类。

1.1.2 用户编程接口

前面提到利用系统调用接口程序可以访问各种资源，但在实际开发中程序并不直接使用系统调用接口，而是使用用户编程接口（API）。为什么不直接使用系统调用接口呢？原因如下。

（1）系统调用接口功能非常简单，无法满足程序的需求。

（2）不同操作系统的系统调用接口不兼容，程序移植时工作量大。

用户编程接口通俗的解释就是各种库（最重要的就是 C 库）中的函数。为了提高开发效率，C 库中实现了很多函数。这些函数实现了常用的功能，供程序员调用。这样一来，程序员不需要自己编写这些代码，直接调用库函数就可以实现基本功能，提高了代码的复用率。使用用户编程接口还有一个好处：程序具有良好的可移植行。几乎所有的操作系统上都实现了 C 库，所以程序通常只需要重新编译一下就可以在其他操作系统下运行。

用户编程接口（API）在实现时，通常都要依赖系统调用接口。例如，创建进程的 API 函数 fork()对应于内核空间的 sys_fork()系统调用。很多 API 函数需要通过多个系统调用来完成其功能。还有一些 API 函数不需要调用任何系统调用。

在 Linux 中用户编程接口(API)遵循了在 UNIX 中最流行的应用编程界面标准——POSIX 标准。POSIX 标准是由 IEEE 和 ISO/IEC 共同开发的标准系统。该标准基于当时现有的 UNIX

实践和经验，描述了操作系统的系统调用编程接口（实际上就是 API），用于保证应用程序可以在源代码一级上在多种操作系统上移植运行。这些系统调用编程接口主要是通过 C 库（libc）实现的。

1.2 Linux 标准 I/O 概述

1.2.1 标准 I/O 的由来

标准 I/O 指的是 ANSI C 中定义的用于 I/O 操作的一系列函数。

只要操作系统中安装了 C 库，标准 I/O 函数就可以调用。换句话说，如果程序中使用的是标准 I/O 函数，那么源代码不需要修改就可以在其他操作系统下编译运行，具有更好的可移植性。

除此之外，使用标准 I/O 可以减少系统调用的次数，提高系统效率。标准 I/O 函数在执行时也会用到系统调用。在执行系统调用时，Linux 必须从用户态切换到内核态，处理相应的请求，然后再返回到用户态。如果频繁地执行系统调用会增加系统的开销。为了避免这种情况，标准 I/O 使用时在用户空间创建缓冲区，读写时先操作缓冲区，在合适的时机再通过系统调用访问实际的文件，从而减少了使用系统调用的次数。

1.2.2 流的含义

标准 I/O 的核心对象就是流。当用标准 I/O 打开一个文件时，就会创建一个 FILE 结构体描述该文件（或者理解为创建一个 FILE 结构体和实际打开的文件关联起来）。我们把这个 FILE 结构体形象地称为流。标准 I/O 函数都基于流进行各种操作。

标准 I/O 中的流的缓冲类型有以下三种。

（1）全缓冲：在这种情况下，当填满标准 I/O 缓冲区后才进行实际 I/O 操作。对于存放在磁盘上的普通文件用标准 I/O 打开时默认是全缓冲的。当缓冲区已满或执行 flush 操作时才会进行磁盘操作。

（2）行缓冲：在这种情况下，当在输入和输出中遇到换行符时执行 I/O 操作。标准输入流和标准输出流就是使用行缓冲的典型例子。

（3）无缓冲：不对 I/O 操作进行缓冲，即在对流的读写时会立刻操作实际的文件。标准出错流是不带缓冲的，这就使得出错信息可以立刻显示在终端上，而不管输出的内容是否包含换行符。

在下面讨论具体函数时，请读者注意区分以上的 3 种不同情况。

1.3 标准 I/O 编程

本节所要讨论的 I/O 操作都是基于流的，它符合 ANSI C 的标准。有一些函数读者已经非常熟悉了（如 printf()、scanf()函数等），因此本节中仅介绍最常用的函数。

1.3.1 流的打开

使用标准 I/O 打开文件的函数有 fopen()、fdopen()和 freopen()。它们可以以不同的模式打开文件，都返回一个指向 FILE 的指针，该指针指向对应的 I/O 流。此后，对文件的读写都是通过这个 FILE 指针来进行。其中 fopen()可以指定打开文件的路径和模式，fdopen()可以指定打开的文件描述符和模式，而 freopen()除可指定打开的文件、模式外，还可指定特定的 I/O 流。

fopen()函数格式如表 1.1 所示。

表 1.1　　　　　　　　　　　　　　　fopen()函数语法要点

所需头文件	#include <stdio.h>
函数原型	FILE * fopen（const char * path, const char * mode）;
函数参数	path：包含要打开的文件路径及文件名
	mode：文件打开方式，详细信息参考表 1.2
函数返回值	成功：指向 FILE 的指针
	失败：NULL

其中，mode 用于指定打开文件的方式。表 1.2 说明了 fopen()中 mode 的各种取值。

表 1.2　　　　　　　　　　　　　　　mode 取值说明

r 或 rb	打开只读文件，该文件必须存在
r+ 或 r+b	打开可读写的文件，该文件必须存在
w 或 wb	打开只写文件，若文件存在则文件长度为 0，即会擦写文件以前的内容；若文件不存在则建立该文件
w+或 w + b	打开可读写文件，若文件存在则文件长度为 0，即会擦写文件以前的内容；若文件不存在则建立该文件
a 或 ab	以附加的方式打开只写文件。若文件不存在，则会建立该文件；如果文件存在，写入的数据会被加到文件尾，即文件原先的内容会被保留
a+或 a + b	以附加方式打开可读写的文件。若文件不存在，则会建立该文件；如果文件存在，写入的数据会被加到文件尾后，即文件原先的内容会被保留

注意：在每个选项中加入 b 字符用来告诉函数库打开的文件为二进制文件，而非纯文本文件。不过在 Linux 系统中会忽略该符号。

当用户程序运行时，系统自动打开了三个流：标准输入流 stdin、标准输出流 stdout 和标准错误流 stderr。stdin 用来从标准输入设备（默认是键盘）中读取输入内容；stdout 用来向标准输出设备（默认是当前终端）输出内容；stderr 用来向标准错误设备（默认是当前终端）输出错误信息。

1.3.2　流的关闭

关闭流的函数为 fclose()，该函数将流的缓冲区内的数据全部写入文件中，并释放相关资源。fclose()函数格式如表 1.3 所示。

表 1.3　　　　　　　　　　　　　fclose()函数语法要点

所需头文件	#include <stdio.h>
函数原型	int fclose（FILE * stream）;
函数参数	stream：已打开的流指针
函数返回值	成功：0
	失败：EOF

程序结束时会自动关闭所有打开的流。

1.3.3　错误处理

标准 I/O 函数执行时如果出现错误，会把错误码保存在 errno 中。程序员可以通过相应的函数打印错误信息。

错误处理相关函数 perror 如表 1.4 所示。

表 1.4　　　　　　　　　　　　　perror()函数语法要点

所需头文件	#include <stdio.h>
函数原型	void　perror（const char* s）;
函数参数	s：在标准错误流上输出的信息
函数返回值	无

```
#include <stdio.h>
int main()
{
    FILE *fp;  //  定义流指针
    if ((fp = fopen("1.txt", "r")) == NULL)  //  NULL 是系统定义的宏，其值为 0
    {
        perror("fail to fopen");  //  输出错误信息
        return -1;
    }
    fclose(fp);
    return 0;
}
```

如果文件 1.txt 不存在，程序执行时会打印如下信息：

fail to fopen: No such file or directory

错误处理相关函数 strerror 如表 1.5 所示。

表 1.5   strerror()函数语法要点

所需头文件	#include <string.h> #include <errno.h>
函数原型	char *strerror（int errnum）;
函数参数	错误码
函数返回值	错误码对应的错误信息

```
#include <stdio.h>
int main()
{
    FILE *fp;
    if ((fp = fopen("1.txt", "r")) == NULL)
    {
        printf("fail to fopen: %s\n", strerror(errno));
        return -1;
    }
    fclose(fp);
    return 0;
}
```

如果文件 1.txt 不存在，程序执行时会打印如下信息：

fail to fopen: No such file or directory

1.3.4　流的读写

1. 按字符（字节）输入/输出

字符输入/输出函数一次仅读写一个字符。其中字符输入/输出函数如表 1.6 和表 1.7 所示。

表 1.6　字符输入函数语法要点

所需头文件	#include <stdio.h>
函数原型	int getc（FILE * stream）； int fgetc（FILE * stream）； int getchar（void）；
函数参数	stream：要输入的文件流
函数返回值	成功：读取的字符
	失败：EOF

getc()和 fgetc ()从指定的流中读取一个字符（节），getchar()从 stdin 中读取一个字符（节）。

表 1.7　字符输出函数语法要点

所需头文件	#include <stdio.h>
函数原型	int putc（int c, FILE * stream）； int fputc（int c, FILE * stream）； int putchar（int c）；
函数返回值	成功：输出的字符 c
	失败：EOF

putc()和 fputc()向指定的流输出一个字符（节），putchar()向 stdout 输出一个字符（节）。

下面这个实例结合 fputc()和 fgetc()，循环从标准输入读取任意个字符并将其中的数字输出到标准输出。

```
/*fput.c*/
#include <stdio.h>
int main()
```

```
{
    int c;
    while ( 1 )
    {
        c = fgetc（stdin）;  //  从键盘读取一个字符
        if ((c >= '0') && (c <= '9')) fputc（c, stdout）;  //  若输入的是数字，输出
        if（c == '\n'）break;  //  若遇到换行符，跳出循环
    }
    return 0;
}
```

运行结果如下。

```
$ ./a.out
abc98io#4/wm
984
```

2. 按行输入/输出

行输入/输出函数一次操作一行。其中行输入/输出函数如表 1.8 和表 1.9 所示。

表 1.8　　　　　　　　　　　　行输入函数语法要点

所需头文件	#include <stdio.h>
函数原型	char * gets（char *s） char * fgets（char * s, int size, FILE * stream）
函数参数	s：存放输入字符串的缓冲区首地址
	size：输入的字符串长度
	stream：对应的流
函数返回值	成功：s
	失败或到达文件末尾：NULL

gets 函数容易造成缓冲区溢出，不推荐大家使用。

fgets 从指定的流中读取一个字符串，当遇到\n 或读取了 size-1 个字符后返回。注意，fgets 不能保证每次都能读出一行。

表 1.9	行输出函数语法要点
所需头文件	#include <stdio.h>
函数原型	int puts（const char *s） int fputs（const char * s, FILE * stream）
函数参数	s：存放输出字符串的缓冲区首地址
	stream：对应的流
函数返回值	成功：s
	失败：NULL

下面以 fgets()为例计算一个文本文件的行数。

```c
/*fgets.c*/
#include <stdio.h>
#include <string.h>
int main（int argc, char *argv[]）
{
    int line = 0;
    char buf[128];
    FILE *fp;

    if（argc < 2）
    {
        printf（"Usage : %s <file>\n", argv[0]）;
        return -1;
    }
    if（（fp = fopen（argv[1], "r"）） == NULL）
    {
        perror（"fail to fopen"）;
        return -1;
    }
    while（fgets（buf, 128, fp）!= NULL）
    {
        if（buf[strlen（buf）-1] == '\n'）line++;
    }
```

```
        printf ( "The line of %s is %d\n", argv[1], line );
        return 0;
}
```

运行该程序，结果如下。

```
$ ./a.out test.txt
The line of test.txt is 64
```

3. 以指定大小为单位读写文件

在文件流被打开之后，可对文件流按指定大小为单位进行读写操作。

fread()函数格式如表 1.10 所示。

表 1.10   fread()函数语法要点

所需头文件	#include <stdio.h>
函数原型	size_t fread (void * ptr, size_t size, size_t nmemb, FILE * stream) ;
函数参数	ptr：存放读入记录的缓冲区
	size：读取的每个记录的大小
	nmemb：读取的记录数
	stream：要读取的文件流
函数返回值	成功：返回实际读取到的 nmemb 数目
	失败：EOF

fwrite()函数格式如表 1.11 所示。

表 1.11   fwrite()函数语法要点

所需头文件	#include <stdio.h>
函数原型	size_t fwrite (const void * ptr, size_t size, size_t nmemb, FILE * stream) ;
函数参数	ptr：存放写入记录的缓冲区
	size：写入的每个记录的大小
	nmemb：写入的记录数
	stream：要写入的文件流
函数返回值	成功：返回实际写入的 nmemb 数目
	失败：EOF

1.3.5　流的定位

每个打开的流内部都有一个当前读写位置。流在打开时，当前读写位置为 0，表示文件的开始位置。每读写一次后，当前读写位置自动增加实际读写的大小。在读写流之间可先对流进行定位，即移动到指定的位置再操作。

流的定位相关函数如表 1.12 和表 1.13 所示。

表 1.12　　　　　　　　　　　　　　fseek 函数语法要点

所需头文件	#include <stdio.h>
函数原型	int fseek（FILE * stream, long offset, int whence）;
函数参数	stream：要定位的文件流
	offset ：相对于基准值的偏移量
	whence：基准值 SEEK_SET 代表文件起始位置 SEEK_END 代表文件结束位置 SEEK_CUR 代表文件当前读写位置
函数返回值	成功：0
	失败：EOF

表 1.13　　　　　　　　　　　　　　ftell()函数语法要点

所需头文件	#include <stdio.h>
函数原型	long ftell（ FILE * stream）;
函数参数	stream：要定位的文件流
函数返回值	成功：返回当前读写位置
	失败：EOF

下面的例子获取一个文件的大小。

```
/*ftell.c*/
#include <stdio.h>
int main（int argc, char *argv[]）
{
```

```
    FILE *fp;

    if (argc < 2)
    {
        printf("Usage : %s <file>\n", argv[0]);
        return -1;
    }
    if ((fp = fopen(argv[1], "r")) == NULL)
    {
        perror("fail to fopen");
        return -1;
    }
    fseek(fp, 0, SEEK_END);
    printf("The size of %s is %ld\n", argv[1], ftell(fp));
    return 0;
}
```

运行该程序，结果如下。

```
$ ./a.out test.txt
The size of test.txt is 305
```

1.3.6　格式化输入输出

　　格式化输入/输出函数可以指定输入/输出的具体格式，包括读者已经非常熟悉的 printf()、scanf()等函数。以下简要介绍它们的格式，如表 1.14 ~ 表 1.15 所示。

表 1.14　　　　　　　　　　格式化输入函数

所需头文件	#include <stdio.h>
函数原型	int scanf(const char *format, …);
	int fscanf(FILE *fp, const char *format, …);
	int sscanf(char *buf, const char *format, …);
函数传入值	format：输入的格式
	fp：作为输入的流
	buf：作为输入的缓冲区
函数返回值	成功：输出字符数（sprintf 返回存入数组中的字符数）
	失败：EOF

表 1.15　　　　　　　　　　　　　　　　　　格式化输出函数

所需头文件	#include <stdio.h>
函数原型	int printf（const char *format,…）； int fprintf（FILE *fp, const char *format,…）； int sprintf（char *buf, const char *format,…）；
函数参值	format：输出的格式
	fp：接收输出的流
	buf：接收输出的缓冲区
函数返回值	成功：输出字符数（sprintf 返回存入数组中的字符数）
	失败：EOF

fprintf 和 sprintf 在应用开发中经常会使用，建议读者查看其帮助信息掌握用法。

1.4　实验内容

1.4.1　文件的复制

1. 实验目的

通过实现文件的复制，掌握流的基本操作。

2. 实验内容

在程序中分别打开源文件和目标文件。循环从源文件中读取内容并写入目标文件。

3. 实验步骤

（1）设计流程。

　　检查参数 → 打开源文件 → 打开目标文件 → 循环读写文件 → 关闭文件

（2）编写代码。

```
/*mycopy.c*/
#include <stdio.h>
#include <errno.h>
#define  N  64
```

```c
int main (int argc, char *argv[])
{
    int n;
    char buf[N];
    FILE *fps, *fpd;

    if (argc < 3)
    {
        printf ("Usage : %s <src_file> <dst_file>\n", argv[0]);
        return -1;
    }

    if ((fps = fopen (argv[1], "r")) == NULL)
    {
        fprintf (stderr, "fail to fopen %s : %s\n", argv[1], strerror (errno));
        return -1;
    }

    if ((fpd = fopen (argv[2], "w")) == NULL)
    {
        fprintf (stderr, "fail to fopen %s : %s\n", argv[2], strerror (errno));
        fclose (fps);
        return -1;
    }

    while ((n = fread (buf, 1, N, fps)) >= 0)
    {
        fwrite (buf, 1, N, fpd);
    }
    fclose (fps);
    fclose (fpd);
    return 0;
}
```

1.4.2　循环记录系统时间

1. 实验目的

- 获取系统时间。
- 在程序中延时。
- 流的格式化输出。

2. 实验内容

程序中每隔一秒读取一次系统时间并写入文件。

3. 实验步骤

（1）设计流程。

　　打开文件　→　获取系统时间　→　写入文件　→　延时 1s →　返回第二步（获取系统时间）

（2）编写代码。

```c
/*mycopy.c*/
#include <stdio.h>
#include <time.h>
#include <unistd.h>
#define  N  64
int main(int argc, char *argv[])
{
    int n;
    char buf[N];
    FILE *fps;
    time_t t;

    if (argc < 2)
    {
        printf("Usage : %s <file>\n", argv[0]);
        return -1;
    }

    if ((fp = fopen(argv[1], "w")) == NULL)
    {
```

```
        perror("fail to fopen");
        return -1;
    }


    while(1)
    {
        time(&t);  // 获取系统时间
        fprintf(fp, "%s\n", ctime(&t));  // 将秒数转换成本地时间并写入指定的流
        sleep(1);  // 延时1s
    }
    fclose(fp);
    return 0;
}
```

小结

本章首先讲解了系统调用、用户函数接口和系统命令之间的联系和区别。

接下来本章重点介绍了标准 I/O 的相关函数，建议读者以流的概念为出发点理解标准 I/O 的特点，并通过练习掌握标准 I/O 常用函数的用法。

最后，本章安排了两个实验，分别是文件复制和记录系统时间，希望读者认真分析代码。

思考与练习

1. 系统调用和用户编程接口的联系和区别是什么？
2. 标准 I/O 有哪些特点？
3. 分别用字符方式和按行访问方式实现文件的复制。

第 2 章

Linux 文件 I/O 编程

在 Linux 系统中，大部分机制都会抽象成一个文件，这样对它们的操作就像对文件的操作一样。在嵌入式应用开发中，文件 I/O 编程是最常用的也是最基本的内容，希望读者好好掌握。

本章主要内容：

- Linux 文件 I/O 概述；
- 文件 I/O 操作。

2.1 Linux 文件 I/O 概述

2.1.1 POSIX 规范

POSIX （Portable Operating System Interface）表示可移植操作系统接口规范。该标准最初由 IEEE 制定，目的是为了提高 UNIX 环境下应用程序的可移植性。POSIX 已发展成一个庞大的标准族，其中的 POSIX.1 提供了源代码级别的 C 语言应用程序编程接口。通俗地讲，为一个 POSIX 兼容的操作系统编写的程序，可以在任何其他 POSIX 操作系统上编译执行。不仅仅是 UNIX，很多操作系统如 Linux 也支持 POSIX 标准。

2.1.1 虚拟文件系统

Linux 系统成功的关键因素之一就是具有与其他操作系统和谐共存的能力。Linux 的文件系统由两层结构构建：第一层是虚拟文件系统（VFS），第二层是各种不同的具体的文件系统。

VFS 就是把各种具体的文件系统的公共部分抽取出来，形成一个抽象层，是系统内核的一部分。它位于用户程序和具体的文件系统之间。它对用户程序提供了标准的文件系统调用接口，对具体的文件系统（比如：Ext2、FAT32 等），它通过一系列的对不同文件系统通用的函数指针来调用对应的文件系统函数，完成相应的操作。任何使用文件系统的程序必须通过这层接口来访问。通过这样的方式，VFS 就对用户屏蔽了底层文件系统的实现细节和差异。

VFS 不仅可以对具体文件系统的数据结构进行抽象，以一种统一的数据接口进行管理，并且还可以接受用户层的系统调用，如 open()、read()、write()、stat()、link() 等。此外，它还支持多种具体文件系统之间的相互访问，接受内核其他子系统的操作请求，例如，内存管理和进程调度。VFS 在 Linux 系统中的位置如图 2.1 所示。

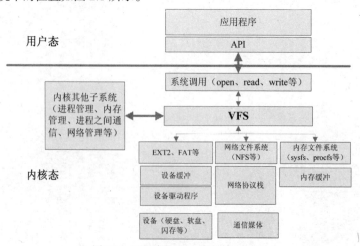

图 2.1　VFS 在 Linux 系统中的位置

通过以下命令可以查看系统中支持哪些文件系统。

```
$ cat /proc/filesystems
nodev   sysfs
nodev   rootfs
......
nodev   tmpfs
nodev   pipefs
......
        ext2
nodev   ramfs
nodev   hugetlbfs
        iso9660
nodev   mqueue
nodev   seLinuxfs
        ext3
nodev   rpc_pipefs
......
```

2.1.2　文件和文件描述符

  Linux 操作系统是基于文件概念的。文件是以字符序列构成的信息载体。根据这一点，可以把 I/O 设备当作文件来处理。因此，与磁盘上的普通文件进行交互所用的同一系统调用可以直接用于 I/O 设备。这样大大简化了系统对不同设备的处理，提高了效率。Linux 中的文件主要分为 6 种：普通文件、目录文件、符号链接文件、管道文件、套接字文件和设备文件。

  那么，内核如何区分和引用特定的文件呢？这里用到了一个重要的概念——文件描述符。对于 Linux 而言，所有对设备和文件的操作都是通过文件描述符来进行的。文件描述符是一个非负的整数，它是一个索引值，并指向在内核中每个进程打开文件的记录表。当打开一个现存文件或创建一个新文件时，内核就向进程返回一个文件描述符；读写文件时，需要把文件描述符作为参数传递给相应的函数。

  通常，一个进程启动时，都会打开 3 个流：标准输入、标准输出和标准错误。这 3 个流分别对应文件描述符 0、1 和 2（对应的宏分别是 STDIN_FILENO、STDOUT_FILENO 和 STDERR_FILENO）。

  基于文件描述符的 I/O 操作虽然不能直接移植到类 Linux 以外的系统上去（如 Windows），但它往往是实现某些 I/O 操作的唯一途径，如 Linux 中低层文件操作函数、多路 I/O、TCP/IP 套接字编程接口等。同时，它们也很好地兼容 POSIX 标准，因此，可以很方便地移植到任何

嵌入式应用程序设计综合教程

POSIX 平台上。基于文件描述符的 I/O 操作是 Linux 中最常用的操作之一，希望读者能够很好地掌握。

2.1.3　文件 I/O 和标准 I/O 的区别

读者可能会思考，标准 I/O 和文件 I/O 都可以用来访问文件，它们之间有什么区别呢？

文件 I/O 又称为低级磁盘 I/O，遵循 POSIX 相关标准。任何兼容 POSIX 标准的操作系统上都支持文件 I/O。标准 I/O 被称为高级磁盘 I/O，遵循 ANSI C 相关标准。只要开发环境中有标准 C 库，标准 I/O 就可以使用。（Linux 中使用的是 GLIBC，它是标准 C 库的超集。不仅包含 ANSI C 中定义的函数，还包括 POSIX 标准中定义的函数。因此，Linux 下既可以使用标准 I/O，也可以使用文件 I/O）。

通过文件 I/O 读写文件时，每次操作都会执行相关系统调用。这样处理的好处是直接读写实际文件，坏处是频繁的系统调用会增加系统开销。标准 I/O 可以看成是在文件 I/O 的基础上封装了缓冲机制。先读写缓冲区，必要时再访问实际文件，从而减少了系统调用的次数。

文件 I/O 中用文件描述符表示一个打开的文件，可以访问不同类型的文件如普通文件、设备文件和管道文件等。而标准 I/O 中用 FILE（流）表示一个打开的文件，通常只用来访问普通文件。

2.2　文件 I/O 操作

本节主要介绍文件 I/O 相关函数：open()、read()、write()、lseek()和 close()。这些函数的特点是不带缓冲，直接对文件（包括设备）进行读写操作。这些函数不是 ANSI C 的组成部分，而是由 POSIX 相关标准来定义。

2.2.1　文件打开和关闭

1. 函数说明

open()函数用于创建或打开文件，在打开或创建文件时可以指定文件打开方式及文件的访问权限。

close()函数用于关闭一个被打开的文件。当一个进程终止时，所有打开的文件都由内核自动关闭。很多程序都利用这一特性而不显式地关闭一个文件。

2. 函数格式

open()函数的语法格式如表 2.1 所示。

20

表 2.1   open()函数语法要点

所需头文件	#include <sys/stat.h> #include <fcntl.h>	
数原型	int open（const char *pathname, int flags, int perms）;	
函数传入值	pathname	被打开的文件名（可包括路径名）
	flags：文件 打开的方式	O_RDONLY：以只读方式打开文件
		O_WRONLY：以只写方式打开文件
		O_RDWR：以读写方式打开文件
		O_CREAT：如果该文件不存在，就创建一个新的文件，并用第 3 个参数为其设置权限
		O_EXCL：如果使用 O_CREAT 时文件存在，则可返回错误消息。这一参数可测试文件是否已存在
		O_NOCTTY：使用本参数时，若打开的是终端文件，那么该终端不会成为当前进程的控制终端
		O_TRUNC：若文件已经存在，那么会删除文件中的全部原有数据，并且设置文件大小为 0
		O_APPEND：以添加方式打开文件，在写文件时，文件读写位置自动指向文件的末尾，即将写入的数据添加到文件的末尾
	perms	新建文件的存取权限 可以用一组宏定义：S_I（R/W/X）（USR/GRP/OTH） 其中 R/W/X 分别表示读/写/执行权限 USR/GRP/OTH 分别表示文件所有者/文件所属组/其他用户 例如，S_IRUSR | S_IWUSR 表示设置文件所有者的可读可写属性。八进制表示法中 0600 也表示同样的权限
函数返回值	成功：返回文件描述符	
	失败：−1	

　　在 open()函数中，flags 参数可通过"｜"组合构成，但前 3 个标志常量（O_RDONLY、O_WRONLY 以及 O_RDWR）不能相互组合。perms 是文件的存取权限，既可以用宏定义表示法，也可以用八进制表示法。

　　close()函数的语法格式如表 2.2 所示。

表 2.2   close()函数语法要点

所需头文件	#include <unistd.h>
函数原型	int close（int fd）;
函数输入值	fd：文件描述符
函数返回值	0：成功
	−1：出错

3. 示例代码

```c
/* sample1.c */
#include <stdio.h>
#include <unistd.h>
#include <sys/stat.h>
#include <fcntl.h>

int main()
{
    int fd;
    if ((fd = open("test.txt", O_RDWR|O_CREAT|O_TRUNC, 0666)) < 0)
    {
        perror("fail to open");
        return -1;
    }
    close(fd);

    return 0;
}
```

2.2.2 文件读写

1. 函数说明

read()函数从文件中读取数据存放到缓存区中，并返回实际读取的字节数。若返回 0，则表示没有数据可读，即已达到文件尾。读操作从文件的当前读写位置开始读取内容，当前读写位置自动往后移动。

　　write()函数将数据写入文件中，并返回实际写入的字节数。写操作从文件的当前读写位置开始写入。对磁盘文件进行写操作时，若磁盘已满，write()函数返回失败。

2. 函数格式

　　read()函数的语法格式如表 2.3 所示。

表 2.3　　　　　　　　　　　　　read()函数语法要点

所需头文件	#include <unistd.h>
函数原型	ssize_t read（int fd, void *buf, size_t count）;
函数传入值	fd：文件描述符
	buf：指定存储器读出数据的缓冲区
	count：指定读出的字节数
函数返回值	成功：读到的字节数
	0：已到达文件尾
	−1：出错

　　在读普通文件时，若读到要求的字节数之前已到达文件的尾部，则返回的字节数会小于指定读出的字节数。

　　write()函数的语法格式如表 2.4 所示。

表 2.4　　　　　　　　　　　　　write()函数语法要点

所需头文件	#include <unistd.h>
函数原型	ssize_t write（int fd, void *buf, size_t count）;
函数传入值	fd：文件描述符
	buf：指定存储器写入数据的缓冲区
	count：指定读出的字节数
函数返回值	成功：已写的字节数
	−1：出错

3. 示例代码

```c
/* sample2.c */
#include <stdio.h>

#include <unistd.h>

#include <sys/stat.h>

#include <fcntl.h>


#define N  64


int main()
{
    int fd, nbyte, sum = 0;
    char buf[N];


    if ((fd = open("test.txt", O_RDONLY)) < 0)
    {
        perror("fail to open");
        return -1;
    }


    while ((nbyte = read(fd, buf, N)) > 0)   // 循环从文件中读取数据，直到文件末尾
    {
        sum += nbyte;   // 累加每次读取的字节数
    }
    printf("the length of test.txt is %d\n", sum);
    close(fd);


    return 0;
}
```

2.2.3　文件定位

1. 函数说明

lseek()函数对文件当前读写位置进行定位。它只能对可定位（可随机访问）文件操作。管道、套接字和大部分字符设备文件不支持此类操作。

2. 函数格式

lseek()函数的语法格式如表 2.5 所示。

表 2.5　　　　　　　　　　　　　　　lseek()函数的语法要点

所需头文件	#include <unistd.h> #include <sys/types.h>		
函数原型	off_t　lseek（int fd, off_t offset, int whence）;		
函数传入值	fd：文件描述符		
	offset：相对于基准点 whence 的偏移量。以字节为单位，正数表示向前移动，负数表示向后移动		
	whence： 当前位置的基点	SEEK_SET：文件的起始位置	
		SEEK_CUR：文件当前读写位置	
		SEEK_END：文件的结束位置	
函数返回值	成功：文件当前读写位置		
	-1：出错		

3. 示例代码

下面示例中的 open()函数带有 3 个 flags 参数：O_CREAT、O_TRUNC 和 O_WRONLY，这样就可以对不同的情况指定相应的处理方法。

实现的功能是从一个文件（源文件）中读取最后 10KB 数据并复制到另一个文件（目标文件）。源文件以只读方式打开，目标文件是以只写方式打开，若目标文件不存在，可以创建并设置权限的初始值为 644，即文件所有者可读可写，文件所属组和其他用户只能读。

```
/* sample3.c */
#include <unistd.h>
#include <sys/stat.h>
#include <fcntl.h>
#include <stdlib.h>
#include <stdio.h>

#define  BUFFER_SIZE 1024                /* 每次读写缓存大小，影响运行效率*/
#define SRC_FILE_NAME "src_file"         /* 源文件名 */
#define DEST_FILE_NAME    "dest_file"    /* 目标文件名*/
#define OFFSET         10240             /* 复制的数据大小 */

int main()
{
    int fds, fdd;
    unsigned char buff[BUFFER_SIZE];
    int read_len;

    /* 以只读方式打开源文件 */
    if ((fds = open(SRC_FILE_NAME, O_RDONLY)) < 0)
    {
        perror("fail to open src_file");
        return -1;
    }

    /* 以只写方式打开目标文件，若此文件不存在则创建该文件，访问权限值为 644 */
    if ((fdd = open(DEST_FILE_NAME, O_WRONLY|O_CREAT|O_TRUNC, 0644)) < 0)
    {
        perror("fail to open dest_file");
        return -1;
    }

    /* 将源文件的读写指针移到最后 10KB 的起始位置*/
    lseek(fds, -OFFSET, SEEK_END);

    /* 读取源文件的最后 10KB 数据并写到目标文件中，每次读写 1KB */
```

```
    while ((read_len = read(fds, buff, sizeof(buff))) > 0)

    {

        write(fdd, buff, read_len);

    }

    close(fds);

    close(fdd);


    return 0;

}


$ gcc -o sample3 sample3.c -Wall

$ ./sample3

$ ls -l dest_file

-rw-r--r-- 1 Linux Linux 10240 14:06 dest_file
```

2.2.4　文件锁

1．fcntl()函数说明

前面介绍的这 5 个基本函数实现了文件的打开、读写等基本操作。这一节将讨论的是在文件已经共享的情况下如何操作，也就是当多个程序共同操作一个文件的情况。Linux 中通常采用的方法是给文件上锁，来解决对共享的资源的竞争。

文件锁包括建议性锁和强制性锁。建议性锁要求每个相关程序在访问文件之前检查是否有锁存在，并且尊重已有的锁。一般情况下，不建议使用建议性锁，因为无法保证每个程序都自动检查是否有锁。而强制性锁是由内核执行的锁，当一个文件被上锁进行写入操作的时候，内核将阻止其他任何程序对该文件进行读写操作。采用强制性锁对性能的影响较大，每次读写操作内核都检查是否有锁存在。

在 Linux 中，实现文件上锁的函数有 lockf()和 fcntl()，其中 lockf()用于对文件施加建议性锁，而 fcntl()不仅可以施加建议性锁，还可以施加强制性锁。同时，fcntl()还能对文件的某一记录上锁，也就是记录锁。

记录锁又可分为读取锁和写入锁，其中读取锁又称为共享锁，多个同时执行的程序允许在文件的同一部分建立读取锁。而写入锁又称为排斥锁，在任何时刻只能有一个程序在文件的某个部分上建立写入锁。显然，在文件的同一部分不能同时建立读取锁和写入锁。

fcntl()函数具有丰富的功能，它可以对已打开的文件进行各种操作。不仅能够管理文件锁，还可以获取和设置文件相关标志位以及复制文件描述符等。在本节中，主要介绍利用它建立记录锁的方法。有兴趣的读者可以查看 fcntl 手册了解其他用法。

2. 函数格式

用于建立记录锁的 fcntl()函数的语法格式如表 2.6 所示。

表 2.6　　　　　　　　　　　　fcntl()函数语法要点

所需头文件	#include <sys/types.h> #include <unistd.h> #include <fcntl.h>	
函数原型	int fcnt1（int fd, int cmd, … ）；	
函数传入值	fd：文件描述符	
	cmd	F_GETLK：检测文件锁状态
		F_SETLK：设置 lock 描述的文件锁
		F_SETLKW：这是 F_SETLK 的阻塞版本（命令名中的 W 表示等待（wait））
		在无法获取锁时，会进入睡眠状态；如果可以获取锁或者捕捉到信号则会返回
函数返回值	成功：0	
	-1：出错	

如果 cmd 和锁操作相关，则第三个参数的类型为 struct *flock，其定义如下。

```
struct flock
{
    ……
    short l_type;
    off_t l_start;
    short l_whence;
    off_t l_len;
    pid_t l_pid;
    ……
}
```

flock 结构中每个成员的取值含义如表 2.7 所示。

表 2.7　　　　　　　　　　　　　　　　　flock 结构成员含义

l_type	F_RDLCK：读取锁（共享锁）
	F_WRLCK：写入锁（排斥锁）
	F_UNLCK：解锁
l_start	加锁区域在文件中的相对位移量（字节），与 l_whence 值一起决定加锁区域的起始位置
l_whence：相对位移量的起点（同 lseek 的 whence）	SEEK_SET：当前位置为文件的开头，新位置为偏移量的大小
	SEEK_CUR：当前位置为文件指针的位置，新位置为当前位置加上偏移量
	SEEK_END：当前位置为文件的结尾，新位置为文件的长度加上偏移量的大小
l_len	加锁区域的长度
l_pid	具有阻塞当前进程的锁，其持有进程的进程号存放在 l_pid 中，仅由 F_GETLK 返回

若要加锁整个文件，可以将 l_start 设置为 0，l_whence 设置为 SEEK_SET，l_len 设置为 0。

3．fcntl()使用实例

下面给出了使用 fcntl()函数对文件加记录锁的代码。首先给 flock 结构体赋予相应的值，接着调用两次 fcntl()函数。第一次用 F_GETLK 命令判断是否可以执行 flock 结构所描述的锁操作：若成员 l_type 的值为 F_UNLCK，表示文件当前可以执行相应锁操作；否则成员 l_type 的值表示当前已有的锁类型并且成员 l_pid 被设置为拥有当前文件锁的进程号。

第二次用 F_SETLK 或 F_SETLKW 命令设置 flock 结构所描述的锁操作，后者是前者的阻塞版本。使用后者时，当不能执行相应上锁/解锁操作时，程序会被阻塞，直到能够操作为止。

文件记录锁的代码具体如下：

```
/* lock_set.c */
int lock_set(int fd, int type)
{
    struct flock old_lock, lock;
    lock.l_whence = SEEK_SET;
    lock.l_start = 0;
    lock.l_len = 0;
    lock.l_type = type;
    lock.l_pid = -1;

    /* 判断文件是否可以上锁 */
```

```
fcntl(fd, F_GETLK, &lock);
if (lock.l_type != F_UNLCK)
{
    /* 判断文件不能上锁的原因 */
    if (lock.l_type == F_RDLCK) /* 该文件已有读取锁 */
    {
        printf("Read lock already set by %d\n", lock.l_pid);
    }
    else if (lock.l_type == F_WRLCK) /* 该文件已有写入锁 */
    {
        printf("Write lock already set by %d\n", lock.l_pid);
    }
}


/* l_type 可能已被 F_GETLK 修改过 */
lock.l_type = type;
/* 根据不同的 type 值进行阻塞式上锁或解锁 */
if ((fcntl(fd, F_SETLKW, &lock)) < 0)
{
    printf("Lock failed:type = %d\n", lock.l_type);
    return -1;
}


switch(lock.l_type)
{
    case F_RDLCK:
    {
        printf("Read lock set by %d\n", getpid());
    }
    break;
    case F_WRLCK:
    {
        printf("Write lock set by %d\n", getpid());
    }
    break;
    case F_UNLCK:
```

```
        {
            printf("Release lock by %d\n", getpid());
            return 1;
        }
        break;


    }/* end of switch */
    return 0;
}
```

下面的示例是文件写入锁的测试用例，这里首先创建了一个 hello 文件，之后对其上写入锁，最后释放写入锁。代码如下。

```
/* write_lock.c */
#include <unistd.h>
#include <sys/file.h>
#include <sys/stat.h>
#include <stdio.h>
#include <stdlib.h>


int lock_set(int fd, int type);


int main(void)
{
    int fd;

    /* 首先打开文件 */
    if ((fd = open("hello", O_RDWR)) < 0)
    {
        perror("fail to open");
        return -1;
    }

    /* 给文件上写入锁 */
    lock_set(fd, F_WRLCK);
    getchar();  // 等待用户键盘输入
    /* 给文件解锁 */
    lock_set(fd, F_UNLCK);
```

```
        getchar();

        close(fd);


        return 0;
}
```

运行如下命令编译程序

gcc -o write_lock write_lock.c lock_set.c

建议读者开启两个终端，并且在两个终端上同时运行该程序，以达到多个进程操作一个文件的目的。

终端一：

```
$ ./write_lock
write lock set by 4994
release lock by 4994
```

终端二：

```
$ ./write_lock
write lock already set by 4994
write lock set by 4997
release lock by 4997
```

由此可见，写入锁为互斥锁，同一时刻只能有一个写入锁存在。

接下来的程序是文件读取锁的测试用例，原理和上面的程序一样。

```
/* fcntl_read.c */
#include <unistd.h>
#include <sys/file.h>
#include <sys/types.h>
#include <sys/stat.h>
#include <stdio.h>
#include <stdlib.h>
#include "lock_set.c"

int main(void)
{
    int fd;
    fd = open("hello",O_RDWR | O_CREAT, 0644);
    if(fd < 0)
    {
        printf("Open file error\n");
```

```
        exit(1);
    }


    /* 给文件上读取锁 */
    lock_set(fd, F_RDLCK);
    getchar();
    /* 给文件解锁 */
    lock_set(fd, F_UNLCK);
    getchar();
    close(fd);
    exit(0);
}
```

同样开启两个终端，并首先启动终端一上的程序，其运行结果如下。

终端一：

```
$ ./read_lock
read lock set by 5009
release lock by 5009
```

终端二：

```
$ ./read_lock
read lock set by 5010
release lock by 5010
```

读者可以将此结果与写入锁的运行结果相比较，可以看出，读取锁为共享锁，当进程 5009 已设置读取锁后，进程 5010 仍然可以设置读取锁。

2.3　实验内容——生产者和消费者

1. 实验目的

通过编写文件读写及上锁的程序，进一步熟悉 Linux 中文件 I/O 相关的应用开发，并且熟练掌握 open()、read()、write()、fcntl()等函数的使用。

2. 实验内容

使用文件来模拟 FIFO（先进先出）结构以及生产者—消费者运行模型。

实验中需要打开两个虚拟终端，分别运行生产者程序（producer）和消费者程序（customer）。两个程序同时对同一个文件进行读写操作。因为这个文件是共享资源，所以使用文件锁机制来保证两个程序对文件的访问都是原子操作。

先启动生产者进程，它负责创建模拟 FIFO 结构的文件（其实是一个普通文件）并投入生产，即按照给定的时间间隔，向文件写入自动生成的字符（在程序中用宏定义选择使用数字还是使用英文字符）。生产周期以及要生产的资源数通过参数传递给程序（默认生产周期为 1s，要生产的资源总数为 10 个字符，默认生产总时间为 10s）。

后启动的消费者进程按照给定的数目进行消费。首先从文件中读取相应数目的字符并在屏幕上显示，然后从文件中删除刚才消费过的数据。为了模拟 FIFO 结构，此时需要使用两次复制来实现文件内容的前移。每次消费的资源数通过参数传递给程序，默认值为 10 个字符。

3. 实验步骤

（1）画出实验流程图。

文件读写及上锁实验流程图如图 2.2 所示。

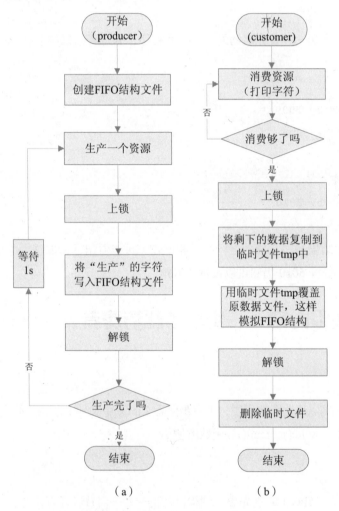

图 2.2　文件读写及上锁实验流程图

（2）编写代码。

本实验中的生产者程序的源代码如下，其中用到的 lock_set()函数可参见第 2.2.4 小节。

```c
/* producer.c */
#include <stdio.h>
#include <unistd.h>
#include <stdlib.h>
#include <string.h>
#include <fcntl.h>
#include "mylock.h"
#define MAXLEN              10           /* 缓冲区大小最大值*/
#define ALPHABET            1            /* 表示使用英文字符 */
#define ALPHABET_START      'a'          /* 头一个字符，可以用 'A'*/
#define COUNT_OF_ALPHABET 26             /* 字母字符的个数 */
#define DIGIT               2            /* 表示使用数字字符 */
#define DIGIT_START         '0'          /* 头一个字符 */
#define COUNT_OF_DIGIT      10           /* 数字字符的个数 */
#define SIGN_TYPE ALPHABET               /* 本实例选用英文字符 */
const char *fifo_file = "./myfifo";     /* 仿真 FIFO 文件名 */
char buff[MAXLEN];                       /* 缓冲区 */
/* 功能：生产一个字符并写入仿真 FIFO 文件中 */
int product(void)
{
    int fd;
    unsigned int sign_type, sign_start, sign_count, size;
    static unsigned int counter = 0;

    /* 打开仿真 FIFO 文件 */
    if ((fd = open(fifo_file, O_CREAT|O_RDWR|O_APPEND, 0644)) < 0)
    {
        printf("Open fifo file error\n");
        exit(1);
    }

    sign_type = SIGN_TYPE;
    switch(sign_type)
    {
```

```
        case ALPHABET:/* 英文字符 */
        {
            sign_start = ALPHABET_START;
            sign_count = COUNT_OF_ALPHABET;
        }
        break;

        case DIGIT:/* 数字字符 */
        {
            sign_start = DIGIT_START;
            sign_count = COUNT_OF_DIGIT;
        }
        break;

        default:
        {
            return -1;
        }
    }/*end of switch*/

    sprintf(buff, "%c", (sign_start + counter));
    counter = (counter + 1) % sign_count;

    lock_set(fd, F_WRLCK); /* 上写锁*/
    if ((size = write(fd, buff, strlen(buff))) < 0)
    {
        printf("Producer: write error\n");
        return -1;
    }
    lock_set(fd, F_UNLCK); /* 解锁 */

    close(fd);
    return 0;
}


int main(int argc ,char *argv[])
```

```
{
    int time_step = 1;      /* 生产周期 */

    int time_life = 10;    /* 需要生产的资源总数 */


    if (argc > 1)
    {/* 第一个参数表示生产周期 */
        sscanf (argv[1], "%d", &time_step);

    }


    if (argc > 2)
    {/* 第二个参数表示需要生产的资源数 */
        sscanf (argv[2], "%d", &time_life);

    }
    while (time_life--)
    {

        if (product() < 0)
        {

            break;

        }
        sleep (time_step);

    }


    exit (EXIT_SUCCESS);

}
```

本实验中的消费者程序的源代码如下：

```
/* customer.c */
#include <stdio.h>

#include <unistd.h>

#include <stdlib.h>

#include <fcntl.h>


#define MAX_FILE_SIZE     100 * 1024 * 1024 /* 100MB */


const char *fifo_file = "./myfifo";                /* 仿真 FIFO 文件名 */

const char *tmp_file = "./tmp";                    /* 临时文件名 */
```

```
/* 资源消费函数 */
int customing (const char *myfifo, int need)
{
    int fd;
    char buff;
    int counter = 0;

    if ((fd = open (myfifo, O_RDONLY)) < 0)
    {
        printf ("Function customing error\n");
        return -1;
    }

    printf ("Enjoy:");
    lseek (fd, SEEK_SET, 0);
    while (counter < need)
    {
        while ((read (fd, &buff, 1) == 1) && (counter < need))
        {
            fputc (buff, stdout); /* 消费就是在屏幕上简单地显示 */
            counter++;
        }
    }
    fputs ("\n", stdout);
    close (fd);
    return 0;
}


/* 功能：从 sour_file 文件的 offset 偏移处开始
将 count 个字节数据复制到 dest_file 文件 */
int myfilecopy (const char *sour_file,
        const char *dest_file, int offset, int count, int copy_mode)
{
    int in_file, out_file;
    int counter = 0;
    char buff_unit;
```

```
    if ((in_file = open(sour_file, O_RDONLY|O_NONBLOCK)) < 0)
    {
        printf("Function myfilecopy error in source file\n");
        return -1;
    }

    if ((out_file = open(dest_file,
                O_CREAT|O_RDWR|O_TRUNC|O_NONBLOCK, 0644)) < 0)
    {
        printf("Function myfilecopy error in destination file:");
        return -1;
    }

    lseek(in_file, offset, SEEK_SET);
    while ((read(in_file, &buff_unit, 1) == 1) && (counter < count))
    {
        write(out_file, &buff_unit, 1);
        counter++;
    }

    close(in_file);
    close(out_file);
    return 0;
}

/* 功能：实现 FIFO 消费者 */
int custom(int need)
{
    int fd;

    /* 对资源进行消费，need 表示该消费的资源数目 */
    customing(fifo_file, need);

    if ((fd = open(fifo_file, O_RDWR)) < 0)
    {
```

```c
        printf("Function myfilecopy error in source_file:");
        return -1;
    }

    /* 为了模拟 FIFO 结构，对整个文件内容进行平行移动 */
    lock_set(fd, F_WRLCK);
    myfilecopy(fifo_file, tmp_file, need, MAX_FILE_SIZE, 0);
    myfilecopy(tmp_file, fifo_file, 0, MAX_FILE_SIZE, 0);
    lock_set(fd, F_UNLCK);
    unlink(tmp_file);
    close(fd);
    return 0;
}

int main(int argc, char *argv[])
{
    int customer_capacity = 10;

    if (argc > 1)  /* 第一个参数指定需要消费的资源数目，默认值为 10 */
    {
        sscanf(argv[1], "%d", &customer_capacity);
    }
    if (customer_capacity > 0)
    {
        custom(customer_capacity);
    }
    exit(EXIT_SUCCESS);
}
```

（3）编译并运行。

4. 实验结果

实验运行结果和程序的参数相关，希望读者能具体分析每种情况，下面列出其中一种情况。

终端一：

```
$ ./producer 1 20  /* 生产周期为 1s，需要生产的资源总数为 20 个 */
Write lock set by 21867
Release lock by 21867
```

```
Write lock set by 21867

Release lock by 21867

......
```

终端二：

```
$ ./customer 5              /* 需要消费的资源数为 5 个 */

Enjoy:abcde                 /* 对资源进行消费，即打印到屏幕上 */

Write lock set by 21872     /* 为了仿真 FIFO 结构，进行两次复制 */

Release lock by 21872
```

在两个程序结束之后，文件的内容如下。

```
$ cat myfifo

fghijklmnopqr    /* a 到 e 的 5 个字符已经被消费，就剩下后面 15 个字符 */
```

小结

本章首先讲解了系统调用、用户函数接口和系统命令之间的联系和区别，以及 Linux 的文件系统的基本知识。

接着，本章重点讲解了不带缓冲的文件 I/O 相关函数的使用。文件 I/O 函数的使用范围非常广泛，在很多应用开发中都会涉及，是学习嵌入式 Linux 应用开发的基础。

最后，本章安排了文件锁实验，希望读者认真练习。

思考与练习

1. 简述虚拟文件系统在 Linux 系统中的位置和通用文件系统模型。

2. 文件 I/O 和标准 I/O 之间有哪些区别？

第3章

Linux 多任务编程

通俗地讲，多任务是指用户可以在同一时间运行多个应用程序。像其他主流的操作系统一样，Linux 不仅支持多进程、多线程等多任务处理，而且实现了多种任务间通信机制。

本章主要内容:

- Linux 下多任务机制的介绍；
- 任务、进程、线程的特点以及它们之间的关系；
- 多进程编程；
- 守护进程。

3.1　Linux 下多任务机制的介绍

多任务处理是指用户可以在同一时间内运行多个应用程序，每个正在执行的应用程序被称为一个任务。Linux 就是一个支持多任务的操作系统，比起单任务系统它的功能增强了许多。

多任务操作系统使用某种调度策略支持多个任务并发执行。事实上，（单核）处理器在某一时刻只能执行一个任务。每个任务创建时被分配时间片（几十到上百毫秒），任务执行（占用 CPU）时，时间片递减。操作系统会在当前任务的时间片用完时调度执行其他任务。由于任务会频繁地切换执行，因此给用户多个任务同时运行的感觉。多任务操作系统中通常有 3 个基本概念：任务、进程和线程。

3.1.1　任务

任务是一个逻辑概念，指由一个软件完成的活动，或者是为实现某个目的的一系列操作。通常一个任务是一个程序的一次运行，一个任务包含一个或多个完成独立功能的子任务，这个独立的子任务是进程或者是线程。例如，一个杀毒软件的一次运行是一个任务，目的是从各种病毒的侵害中保护计算机系统，这个任务包含多个独立功能的子任务（进程或线程），包括实时监控功能、定时查杀功能、防火墙功能以及用户交互功能等。任务、进程和线程之间的关系如图 3.1 所示。

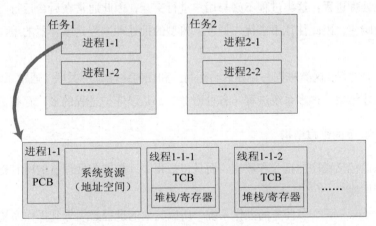

图 3.1　任务、进程和线程之间的关系

3.1.2　进程

1. 进程的基本概念

进程是指一个具有独立功能的程序在某个数据集合上的一次动态执行过程，它是操作系统进行资源分配和调度的基本单元。一次任务的运行可以发激活多个进程，这些进程相互合作来完成该任务的一个最终目标。

进程具有并发性、动态性、交互性和独立性等主要特性。

（1）并发性：指的是系统中多个进程可以同时并发执行，相互之间不受干扰。

（2）动态性：指的是进程都有完整的生命周期，而且在进程的生命周期内，进程的状态是不断变化的，另外进程具有动态的地址空间（包括代码、数据和进程控制块等）。

（3）交互性：指的是进程在执行过程中可能会与其他进程发生直接和间接的通信，如进程同步和进程互斥等，需要为此添加一定的进程处理机制。

（4）独立性：指的是进程是一个相对完整的资源分配和调度的基本单位，各个进程的地址空间是相互独立的，只有采用某些特定的通信机制才能实现进程之间的通信。

进程和程序是有本质区别的：程序是一段静态的代码，是保存在非易失性存储器上的的指令和数据的有序集合，没有任何执行的概念；而进程是一个动态的概念，它是程序的一次执行过程，包括了动态创建、调度、执行和消亡的整个过程，它是程序执行和资源管理的最小单位。

从操作系统的角度看，进程是程序执行时相关资源的总称。当进程结束时，所有资源被操作系统自动回收。

Linux 系统中主要包括下面几种类型的进程。

（1）交互式进程：这类进程经常与用户进行交互，需要等待用户的输入（键盘和鼠标操作等）。当接收到用户的输入之后，这类进程能够立刻响应。典型的交互式进程有 shell 命令进程、文本编辑器和图形应用程序运行等。

（2）批处理进程：这类进程不必与用户进行交互，因此通常在后台运行。因为这类进程通常不必很快地响应，因此往往不会优先调度。典型的批处理进程是编译器的编译操作、数据库搜索引擎等。

（3）守护进程：这类进程一直在后台运行，和任何终端都不关联。通常系统启动时开始执行，系统关闭时才结束。很多系统进程（各种服务）都是以守护进程的形式存在。

2．Linux 下的进程结构

进程不但包括程序的指令和数据，而且包括程序计数器和处理器的所有寄存器以及存储临时数据的进程堆栈。

因为 Linux 是一个多任务的操作系统，所以其他的进程必须等到操作系统将处理器使用权分配给自己之后才能运行。当正在运行的进程需要等待其他的系统资源时，Linux 内核将取得处理器的控制权，按照某种调度算法将处理器分配给某个正在等待执行的进程。

内核将所有进程存放在双向循环链表（进程链表）中，链表的每一项都是 task_struct，称为进程控制块的结构。该结构包含了与一个进程相关的所有信息，在<include/Linux/sched.h>文件中定义。task_struct 内核结构比较大，它能完整地描述一个进程，如进程的状态、进程的基本信息、进程标识符、内存相关信息、父进程相关信息、与进程相关的终端信息、当前工作目录、打开的文件信息、所接收的信号信息等。

下面详细讲解 task_struct 结构中最为重要的两个域：state（进程状态）和 pid（进程标识符）。

（1）进程状态。

Linux 中的进程有以下几种主要状态。

① 运行状态（TASK_RUNNING）：进程当前正在运行，或者正在运行队列中等待调度。

② 可中断的阻塞状态（TASK_INTERRUPTIBLE）：进程处于阻塞（睡眠）状态，正在等待某些事件发生或能够占用某些资源。处在这种状态下的进程可以被信号中断。接收到信号或被显式地唤醒呼叫（如调用 wake_up 系列宏：wake_up、wake_up_interruptible 等）唤醒之后，进程将转变为 TASK_RUNNING 状态。

③ 不可中断的阻塞状态（TASK_UNINTERRUPTIBLE）：此进程状态类似于可中断的阻塞状态（TASK_INTERRUPTIBLE），只是它不会处理信号，把信号传递到这种状态下的进程不能改变它的状态。在一些特定的情况下（进程必须等待，直到某些不能被中断的事件发生），这种状态是很有用的。只有在它所等待的事件发生时，进程才被显式地唤醒呼叫唤醒。

④ 暂停状态（TASK_STOPPED）：进程的执行被暂停，当进程收到 SIGSTOP、SIGTSTP、SIGTTIN、SIGTTOU 等信号，就会进入暂停状态。

⑤ 僵死状态（EXIT_ZOMBIE）：子进程运行结束，父进程尚未使用 wait 函数族（如使用 waitpid()函数）等系统调用来回收退出状态。处在该状态下的子进程已经放弃了几乎所有的内存空间，没有任何可执行代码，也不能被调度，仅仅在进程列表中保留一个位置，记载该进程的退出状态等信息供其父进程收集。

⑥ 消亡状态（EXIT_DEAD）：这是最终状态，父进程调用 wait 函数族回收之后，子进程彻底由系统删除。

它们之间的转换关系如图 3.2 所示。

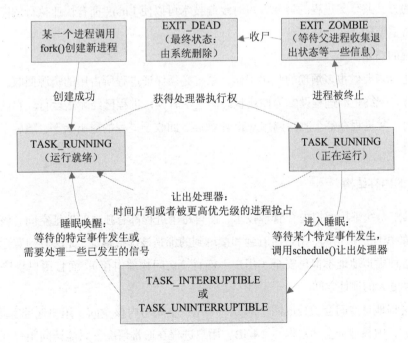

图 3.2　进程状态转换关系图

内核可以使用 set_task_state 和 set_current_state 宏来改变指定进程的状态和当前执行进程的状态。

（2）进程标识符。

Linux 内核通过唯一的进程标识符 PID 来标识每个进程。PID 存放在 task_struct 的 pid 字段中。系统中可以创建的进程数目有限制，读者可以查看/proc/sys/kernel/pid_max 来确定上限。

当系统启动后，内核通常作为某一个进程的代表。一个指向 task_struct 的宏 current 用来记录正在运行的进程。current 经常作为进程描述符结构指针的形式出现在内核代码中，例如，current→pid 表示处理器正在执行的进程的 PID。当系统需要查看所有的进程时，则调用 for_each_process()宏，这将比系统搜索数组的速度要快得多。

在 Linux 中获得当前进程的进程号（PID）和父进程号（PPID）的系统调用函数分别为 getpid() 和 getppid()。

3. 进程的创建、执行和终止

（1）进程的创建和执行。

许多操作系统都提供的是产生进程的机制，也就是首先在新的地址空间里创建进程、读入可执行文件，最后再开始执行。Linux 中进程的创建很特别，它把上述步骤分解到两个单独的函数中取执行：fork()和 exec 函数族。首先，fork()通过复制当前进程创建一个子进程，子进程与父进程的区别仅仅在于不同的 PID、PPID 和某些资源及统计量。exec 函数族负责读取可执行文件并将其载入地址空间开始运行。

要注意的是，Linux 中的 fork()使用的是写时复制（copy on write）的技术，也就是内核在创建进程时，其资源并没有立即被复制过来，而是被推迟到需要写入数据的时候才发生。在此之前只是以只读的方式共享父进程的资源。写时复制技术可以使 Linux 拥有快速执行的能力，因此这个优化是非常重要的。

（2）进程的终止。

进程终止也需要做很多烦琐的收尾工作，系统必须保证进程所占用的资源回收，并通知父进程。Linux 首先把终止的进程设置为僵死状态。这个时候，进程已经无法运行。它的存在只为父进程提供信息。父进程在某个时间调用 wait 函数族，回收子进程的退出状态，随后子进程占用的所有资源被释放。

4. 进程的内存结构

Linux 操作系统采用虚拟内存管理技术，使得每个进程都有独立的地址空间。该地址空间是大小为 4GB 的线性虚拟空间，用户所看到和接触到的都是该虚拟地址，无法看到实际的物理内存地址。利用这种虚拟地址不但更安全（用户不能直接访问物理内存），而且用户程序可以使用比实际物理内存更大的地址空间。

4GB 的进程地址空间会被分成两个部分——用户空间与内核空间。用户地址空间是 0～3GB（0xC0000000），内核地址空间占据 3～4GB。用户进程在通常情况下只能访问用户空间的虚拟地址，不能访问内核空间虚拟地址。只有用户进程使用系统调用（代表用户进程在内核态执行）时才可以访问到内核空间。每当进程切换，用户空间就会跟着变化；而内核空间是由内核负责映射，它并不会跟着进程改变，是固定的。内核空间地址有自己对应的页表，用户进程各自有不同的页表。每个进程的用户空间都是完全独立、互不相干的。进程的虚拟内存地址空间如图 3.3 所示。

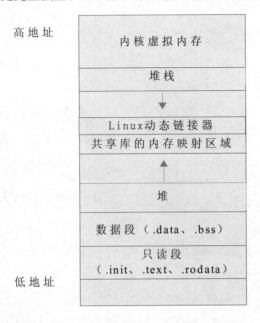

图 3.3　进程地址空间的分布

用户空间包括以下几个功能区域。

（1）只读段：包含程序代码（.init 和.text）和只读数据（.rodata）。

（2）数据段：存放的是全局变量和静态变量。其中可读可写读数据段（.data）存放已初始化的全局变量和静态变量，BSS 数据段（.bss）存放未初始化的全局变量和静态变量。

（3）栈：由系统自动分配释放，存放函数的参数值、局部变量的值、返回地址等。

（4）堆：存放动态分配的数据，一般由程序员动态分配和释放，若程序员不释放，程序结束时可能由操作系统回收。

（5）共享库的内存映射区域：这是 Linux 动态链接器和其他共享库代码的映射区域。

因为在 Linux 系统中每一个进程都会有"/proc"文件系统下的与之对应的一个目录（例如，init 进程的相关信息存放在"/proc/1"目录下），因此通过 proc 文件系统可以查看某个进程的地址空间的映射情况。例如，运行一个应用程序，如果它的进程号为 13703，则输入"cat /proc/13703/maps"命令，可以查看该进程的内存映射情况。

```
$ cat /proc/13703/maps
/* 只读段：代码段、只读数据段 */
08048000-08049000 r-xp 00000000 08:01 876817        /home/Linux/test
08049000-0804a000 r--p 00000000 08:01 876817        /home/Linux/test
  /* 可读写数据段 */
0804a000-0804b000 rw-p 00001000 08:01 876817        /home/Linux/test
```

```
0804b000-0804c000 rw-p 0804b000 00:00 0
08502000-08523000 rw-p 08502000 00:00 0          48  [heap] /* 堆 */
b7dec000-b7ded000 rw-p b7dec000 00:00 0
/* 动态共享库 */
b7ded000-b7f45000 r-xp 00000000 08:01 541691
                                            /lib/tls/i686/cmov/libc-2.8.90.so
b7f45000-b7f47000 r--p 00158000 08:01 541691
    48                                      /lib/tls/i686/cmov/libc-2.8.90.so
b7f47000-b7f48000 rw-p 0015a000 08:01 541691
    48                                      /lib/tls/i686/cmov/libc-2.8.90.so
b7f48000-b7f4b000 rw-p b7f48000 00:00 0
b7f57000-b7f5a000 rw-p b7f57000 00:00 0
/* 动态链接器 */
b7f5a000-b7f74000 r-xp 00000000 08:01 524307      /lib/ld-2.8.90.so
b7f74000-b7f75000 r-xp b7f74000 00:00 0           [vdso]
b7f75000-b7f76000 r--p 0001a000 08:01 524307      /lib/ld-2.8.90.so
b7f76000-b7f77000 rw-p 0001b000 08:01 524307      /lib/ld-2.8.90.so
bff61000-bff76000 rw-p bffeb000 00:00 0           [stack] /* 堆栈 */
```

3.1.3 线程

前面已经提到，进程是系统中程序执行和资源分配的基本单位。每个进程都拥有自己的数据段、代码段和堆栈段，这就造成了进程在进行切换时操作系统的开销比较大。为了提高效率，操作系统又引入了另一个概念——线程，也称为轻量级进程。线程可以对进程的内存空间和资源进行访问，并与同一进程中的其他线程共享。因此，线程的上下文切换的开销比进程小得多。

一个进程可以拥有多个线程，其中每个线程共享该进程所拥有的资源。要注意的是，由于线程共享了进程的资源和地址空间，因此，任何线程对系统资源的操作都会给其他线程带来影响。由此可知，多线程中的同步是非常重要的问题。在多线程系统中，进程与进程的关系如图 3.4 所示。

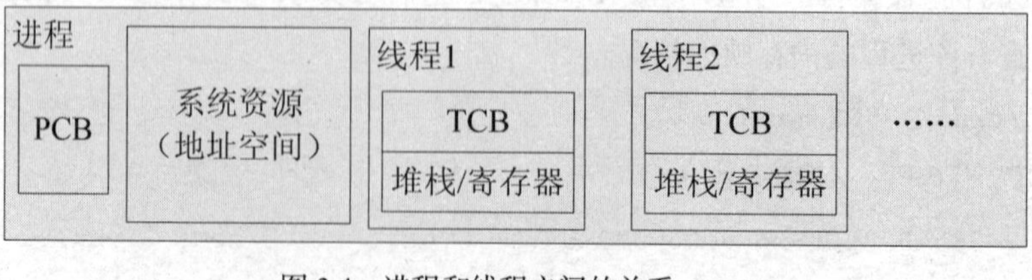

图 3.4　进程和线程之间的关系

3.2　进程编程

3.2.1　进程编程基础

1. fork()

在 Linux 中创建一个新进程的方法是使用 fork()函数。fork()函数是 Linux 中一个非常重要的函数，和读者以往遇到的函数有一些区别，因为它看起来执行一次却返回两个值。一个函数真的能同时返回两个值吗？希望读者能认真地学习下面的内容。

（1）fork()函数说明。

fork()函数用于从已存在的进程中创建一个新进程。新进程称为子进程，而原进程称为父进程。使用 fork()函数得到的子进程是父进程的一个复制品，它从父进程处继承了整个进程的地址空间，包括进程上下文、代码段、进程堆栈、内存信息、打开的文件描述符、信号处理函数、进程优先级、进程组号、当前工作目录、根目录、资源限制和控制终端等，而子进程所独有的只有它的进程号、资源使用和计时器等。

因为子进程几乎是父进程的完全复制，所以父子两个进程会运行同一个程序。因此需要用一种方式来区分它们，并使它们照此运行，否则，这两个进程只能做相同的事。

父子进程一个很重要的区别是：fork()的返回值不同。父进程中的返回值是子进程的进程号，而子进程中返回 0。可以通过返回值来判定该进程是父进程还是子进程。

注意：子进程没有执行 fork()函数，而是从 fork()函数调用的下一条语句开始执行。

（2）fork()函数语法。

表 3.1 列出了 fork()函数的语法要点。

表 3.1　　　　　　　　　　　　　　　fork()函数语法要点

所需头文件	#include <sys/types.h>　　/* 提供类型 pid_t 的定义 */ #include <unistd.h>
函数原型	pid_t fork（void）;
函数返回值	0：子进程
	子进程 PID（大于 0 的整数）：父进程
	−1：出错

fork()函数的简单的示例程序如下。

```
int main(void)

{

    pid_t ret;

    /*调用 fork()函数*/

    ret = fork();

    /*通过 ret 的值来判断 fork()函数的返回情况，首先进行出错处理*/

    if (ret == -1)

    {

        perror("fork error");

        return -1;

    }

    else if (ret == 0) /*返回值为 0 代表子进程*/

    {

        printf("In child process!! ret is %d, My PID is %d\n", ret, getpid());

    }

    else /*返回值大于 0 代表父进程*/

    {

        printf("In parent process!! ret is %d, My PID is %d\n", ret, getpid());

    }


    return 0;

}
```

编译并执行程序，结果如下。

```
$ gcc fork.c -o fork -Wall
$./fork
In parent process!! ret is 3876, My PID is 3875
In child process!! ret is 0, My PID is 3876
```

从该示例中可以看出，使用 fork()函数新建了一个子进程，其中的父进程返回子进程的进程号，而子进程的返回值为 0。

2．exec 函数族

（1）exec 函数族说明。

fork()函数用于创建一个子进程，该子进程几乎复制了父进程的全部内容。我们能否让子进程执行一个新的程序呢？exec 函数族就提供了一个在进程中执行另一个程序的方法。它可以根据指定的文件名或目录名找到可执行文件，并用它来取代当前进程的数据段、代码段和堆栈段。在执行完之后，当前进程除了进程号外，其他内容都被替换了。这里的可执行文件既可以是二进制文件，也可以是 Linux 下任何可执行的脚本文件。

在 Linux 中使用 exec 函数族主要有两种情况。

① 当进程认为自己不能再为系统和用户做出任何贡献时，就可以调用 exec 函数族中的任意一个函数让自己重生。

② 如果一个进程想执行另一个程序，那么它就可以调用 fork()函数新建一个进程，然后调用 exec 函数族中的任意一个函数，这样看起来就像通过执行应用程序而产生了一个新进程（这种情况非常普遍）。

（2）exec 函数族语法。

实际上，在 Linux 中并没有 exec()函数，而是有 6 个以 exec 开头的函数，它们之间语法有细微差别，本书在下面会详细讲解。

表 3.2 所示为 exec 函数族的 6 个成员函数的语法。

表 3.2　　　　　　　　　　　　　　exec 函数族成员函数语法

所需头文件	#include <unistd.h>
函数原型	int execl（const char *path, const char *arg,…）;
	int execv（const char *path, char *const argv[]）;
	int execle（const char *path, const char *arg,…, char *const envp[]）;
	int execve（const char *path, char *const argv[], char *const envp[]）;
	int execlp（const char *file, const char *arg, …）;
	int execvp（const char *file, char *const argv[]）;
函数返回值	−1：出错

这 6 个函数在函数名和使用语法的规则上都有细微的区别,下面就可执行文件查找方式、参数表传递方式及环境变量这几个方面进行比较。

① 查找方式。读者可以注意到,表 3.2 中的前 4 个函数的查找方式都是完整的文件目录路径,而最后 2 个函数(也就是以 p 结尾的两个函数)可以只给出文件名,系统就会自动按照环境变量"PATH"所包含的路径进行查找。

② 参数传递方式。exec 函数族的参数传递方式有两种:一种是逐个列举的方式,另一种是将所有参数通过指针数组传递。在这里是以函数名的第 5 位字母来区分的,字母为 l(list)的表示逐个列举参数的方式,其类型为 const char *arg;字母为 v(vertor)的表示通过指针数组传递,其类型为 char *const argv[]。读者可以观察 execl()、execle()、execlp()的语法与 execv()、execve()、execvp()的区别。它们具体的用法在后面的实例讲解中会具体说明。

这里的参数实际上就是用户在使用这个可执行文件时所需的全部命令选项字符串(包括该可执行程序命令本身)。要注意的是,这些参数必须以 NULL 结尾。

③ 环境变量。exec 函数族可以使用默认的环境变量,也可以传入指定的环境变量。这里以 e(environment)结尾的两个函数 execle()和 execve()就可以在 envp[]中指定当前进程所使用的环境变量。

表 3.3 对这 4 个函数中函数名和对应语法做一个小结,主要指出了函数名中每一位所表明的含义,希望读者结合此表加以记忆。

表 3.3　　　　　　　　　　　exec 函数名对应含义

前 4 位	统一为 exec	
第 5 位	l: 参数传递为逐个列举方式	execl、execle、execlp
	v: 参数传递为构造指针数组方式	execv、execve、execvp
第 6 位	e: 可传递新进程环境变量	execle、execve
	p: 可执行文件查找方式为文件名	execlp、execvp

事实上,这 6 个函数中真正的系统调用只有 execve(),其他 5 个都是库函数,它们最终都会调用 execve()这个系统调用。在使用 exec 函数族时,一定要加上错误判断语句。exec 很容易执行失败,其中最常见的原因如下。

• 找不到文件或路径,此时 errno 被设置为 ENOENT。
• 数组 argv 和 envp 忘记用 NULL 结束,此时 errno 被设置为 EFAULT。
• 没有对应可执行文件的运行权限,此时 errno 被设置为 EACCES。

（3）exec 使用实例。

下面的第一个示例说明了如何使用文件名的方式来查找可执行文件，同时使用参数列表的方式，这里用的函数是 execlp()。

```
/*execlp.c*/
#include <unistd.h>
#include <stdio.h>
#include <stdlib.h>
#include <unistd.h>
#include <sys/types.h>
int main()
{
    if (fork() == 0)
    {

        /*调用execlp()函数，这里相当于调用了"ps -ef"命令*/
        if ((ret = execlp("ps", "ps", "-ef", NULL)) < 0)
        {
            printf("execlp error\n");
        }

    }

}
```

在该程序中，首先使用 fork() 函数创建一个子进程，然后在子进程里使用 execlp() 函数。读者可以看到，这里的参数列表列出了要执行的程序名和选项。运行结果如下。

```
$ ./execlp
 PID TTY    Uid      Size State Command
   1       root     1832    S    init
   2       root        0    S    [keventd]
   3       root        0    S    [ksoftirqd_CPU0]
   4       root        0    S    [kswapd]
   5       root        0    S    [bdflush]
   6       root        0    S    [kupdated]
   7       root        0    S    [mtdblockd]
   8       root        0    S    [khubd]
  35       root     2104    S    /bin/bash /usr/etc/rc.local
```

36	root	2324	S	/bin/bash
41	root	1364	S	/sbin/inetd
53	root	14260	S	/Qtopia/qtopia-free-1.7.0/bin/qpe -qws
54	root	11672	S	quicklauncher
65	root	0	S	[usb-storage-0]
66	root	0	S	[scsi_eh_0]
83	root	2020	R	ps -ef

此程序的运行结果与在 shell 中直接输入命令"ps -ef"是一样的。

接下来的示例使用完整的文件目录来查找对应的可执行文件。注意目录必须以"/"开头,否则将其视为文件名。

```c
/*execl.c*/
#include <unistd.h>
#include <stdio.h>
#include <stdlib.h>


int main()
{
    if (fork() == 0)
    {
        /*调用 execl()函数,注意这里要给出 ps 程序所在的完整路径*/
        if (execl("/bin/ps","ps","-ef",NULL) < 0)
        {
        printf("execl error\n");
        }
    }
}
```

下面的示例利用函数 execle()将环境变量添加到新建的子进程中,这里的 env 是查看当前进程环境变量的命令。

```c
/* execle.c */
#include <unistd.h>
#include <stdio.h>
#include <stdlib.h>


int main()
{
```

```
        /*命令参数列表，必须以 NULL 结尾*/

        char *envp[]={"PATH=/tmp","USER=harry", NULL};


        if（fork() == 0）
        {

                /*调用 execle()函数，注意这里也要指出 env 的完整路径*/

                if（execle（"/usr/bin/env", "env", NULL, envp）< 0）

                {

                        printf（"execle error\n"）;

                }

        }

}
```

程序的运行结果如下。

```
$ ./execle

PATH=/tmp

USER=harry
```

最后一个示例使用 execve()函数，通过构造指针数组的方式来传递参数，注意参数列表一定要以 NULL 作为结尾标识符。其代码和运行结果如下。

```
#include <unistd.h>

#include <stdio.h>

#include <stdlib.h>


int main()

{

    /*命令参数列表，必须以 NULL 结尾*/

    char *arg[] = {"env", NULL};

    char *envp[] = {"PATH=/tmp", "USER=harry", NULL};


    if（fork() == 0）

    {

        if（execve（"/usr/bin/env", arg, envp）< 0）

        {

                printf（"execve error\n"）;

        }

    }

}
```

程序的运行结果如下。

```
$ ./execve
PATH=/tmp
USER=harry
```

3. exit()和_exit()

（1）exit()和_exit()函数说明。

exit()和_exit()函数都是用来终止进程的。当程序执行到 exit()或_exit()时，进程会无条件地停止剩下的所有操作，清除各种数据结构，并终止本进程的运行。但是，这两个函数还是有区别的，这两个函数的调用过程如图 3.5 所示。

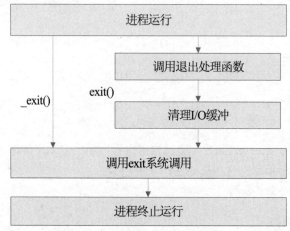

图 3.5   exit()和-exit()函数流程图

从图 3.5 中可以看出，_exit()函数的作用是直接使进程停止运行，清除其使用的内存空间，并清除其在内核中的各种数据结构；exit()函数则在这些基础上做了一些包装，在执行退出之前加了若干道工序。exit()函数与_exit()函数最大的区别就在于 exit()函数在终止当前进程之前要检查该进程打开了哪些文件，并把文件缓冲区中的内容写回文件，就是图中的"清理 I/O 缓冲"一项。

由于在 Linux 的标准函数库中，有一种被称为"缓冲 I/O（buffered I/O）"操作，其特征就是对应每一个打开的文件，在内存中都有一片缓冲区。

每次读文件时，会连续读出若干条记录，这样在下次读文件时就可以直接从内存的缓冲区中读取；同样，每次写文件的时候，也仅仅是写入内存中的缓冲区，等满足了一定的条件（如达到一定数量或遇到特定字符等），再将缓冲区中的内容一次性写入文件。

这种技术大大增加了文件读写的速度，但也为编程带来了一些麻烦。比如有些数据，认为已经被写入文件中，实际上因为没有满足特定的条件，它们还只是被保存在缓冲区内，这时用_exit()函数直接将进程关闭掉，缓冲区中的数据就会丢失。因此，若想保证数据的完整性，最好使用 exit()函数。

（2）exit()和_exit()函数语法。

表 3.4 所示为 exit()和_exit()函数的语法规范。

表 3.4	exit()和_exit()函数族语法		
所需头文件	exit：#include <stdlib.h>		
	_exit：#include <unistd.h>		
函数原型	exit：void exit（int status）;		
	_exit：void _exit（int status）;		
函数传入值	status 是一个整型的参数，可以利用这个参数传递进程结束时的状态。一般来说，0 表示正常结束；其他的数值表示出现了错误，进程非正常结束		
	在实际编程时，可以用 wait()系统调用接收子进程的返回值，从而针对不同的情况进行不同的处理		

（3）exit()和_exit()使用示例。

这两个示例比较了 exit()和_exit()两个函数的区别。由于标准输出流 stdout 是行缓冲，遇到"\n"换行符时才会实际写入终端。示例中就是利用这个性质来进行比较的。示例 1 的代码如下。

```c
/* exit.c */
#include <stdio.h>
#include <stdlib.h>


int main()
{
    printf（"Using exit...\n"）;
    printf（"This is the content in buffer"）;
    exit（0）;
}
$ ./exit
Using exit...
This is the content in buffer $
```

读者从输出的结果中可以看到，调用 exit()函数时，缓冲区中的内容也能正常输出。

示例 2 的代码如下。

```c
/* _exit.c */
#include <stdio.h>
#include <unistd.h>


int main()
{
```

```
        printf("Using _exit...\n");
        printf("This is the content in buffer"); /* 加上回车符之后结果又如何 */
        _exit(0);
}
$ ./_exit
Using _exit...
$
```

可以看到，调用_exit()函数，进程结束时没有输出缓冲区中的内容。

4. wait()和 waitpid()

（1）wait()和 waitpid()函数说明。

wait()函数用于使父进程（也就是调用 wait()的进程）阻塞，直到一个子进程结束或者该进程接到了一个指定的信号为止。如果该父进程没有子进程或者他的子进程已经结束，则 wait()会立即返回-1。

waitpid()的作用和 wait()一样，但它并不一定等待第一个终止的子进程。waitpid()有若干选项，可提供一个非阻塞版本的 wait()功能。实际上 wait()函数只是 waitpid()函数的一个特例，在 Linux 内部实现 wait()函数时直接调用的就是 waitpid()函数。

（2）wait()和 waitpid()函数格式说明。

表 3.5 所示为 wait()函数的语法规范。

表 3.5   wait()函数族语法

所需头文件	#i nclude <sys/types.h> #include <sys/wait.h>
函数原型	pid_t wait（int *status）;
函数传入值	status 指向的整型对象用来保存子进程结束时的状态。另外，子进程的结束状态可由 Linux 中一些特定的宏来测定
函数返回值	成功：已回收的子进程的进程号
	失败：-1

表 3.6 所示为 waitpid()函数的语法规范。

表 3.6		waitpid()函数语法
所需头文件		#include <sys/types.h> #include <sys/wait.h>
函数原型		pid_t waitpid（pid_t pid, int *status, int options）;
函数传入值	pid	pid > 0：回收进程 ID 等于 pid 的子进程
		pid = -1：回收任何一个子进程，此时和 wait() 作用一样
		pid = 0：回收其组 ID 等于调用进程的组 ID 的任一子进程
		pid < -1：回收其组 ID 等于 pid 的绝对值的任一子进程
函数传入值	status	同 wait()
	options	WNOHANG：若指定的子进程没有结束，则 waitpid()不阻塞而立即返回，此时返回值为 0
		WUNTRACED：为了实现某种操作，由 pid 指定的任一子进程已被暂停，且其状态自暂停以来还未报告过，则返回其状态
		0：同 wait()，阻塞父进程，直到指定的子进程退出
函数返回值		>0：已经结束运行的子进程的进程号
		0：使用选项 WNOHANG 且没有子进程退出
		-1：出错

（3）waitpid()使用示例。

由于 wait()函数的使用较为简单，在此以 waitpid()为例进行讲解。本例中首先使用 fork()创建一个子进程，然后让子进程暂停 5s（使用了 sleep()函数）。接下来对原有的父进程使用 waitpid()函数，并使用参数 WNOHANG 使该父进程不会阻塞。若有子进程退出，则 waitpid()返回子进程号；若没有子进程退出，则 waitpid()返回 0，并且父进程每隔 1s 循环判断一次。该程序的流程图如图 3.6 所示。

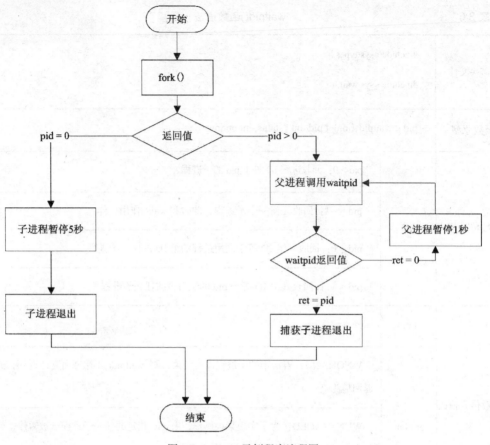

图 3.6　waitpid 示例程序流程图

该程序源代码如下。

```c
/* waitpid.c */
#include <sys/types.h>
#include <sys/wait.h>
#include <unistd.h>
#include <stdio.h>
#include <stdlib.h>

int main()
{
    pid_t pid, ret;

    if ((pid = fork()) < 0)
    {
        printf("Error fork\n");
```

```
        }
    else if (pid == 0) /*子进程*/
    {
                /*子进程暂停5s*/
                sleep(5);
                /*子进程正常退出*/
                exit(0);
    }
    else /*父进程*/
    {
        /*循环测试子进程是否退出*/
        do
        {
            /*调用waitpid, 且父进程不阻塞*/
            ret = waitpid(pid, NULL, WNOHANG);

            /*若子进程还未退出, 则父进程暂停1s*/
            if (ret == 0)
            {
                printf("The child process has not exited\n");
                sleep(1);
            }
        } while (ret == 0);

        /*若发现子进程退出, 打印出相应情况*/
        if (pid == ret)
        {
            printf("child process exited\n");
        }
        else
        {
            printf("some error occured.\n");
        }
    }
}
```

程序运行结果如下。

```
$ ./waitpid
The child process has not exited
The child process has not exited
The child process has not exited
The child process has not exited
The child process has not exited
child process exited
```

如果把 ret = **waitpid**（**pid, NULL, WNOHANG**）；改为 ret = **waitpid**（**pid, NULL, 0**）；父进程会一直阻塞，直到子进程结束为止，运行的结果如下。

```
$ ./waitpid
child process exited
```

3.2.2 Linux 守护进程

1. 守护进程概述

守护进程也就是通常所说的 Daemon 进程，它是 Linux 中的后台服务进程。它是一个生存期较长的进程，通常独立于控制终端并且周期性地执行某种任务或等待处理某些发生的事件。守护进程常常在系统启动时开始执行，在系统关闭时终止。Linux 中很多系统服务都是通过守护进程实现的。

由于在 Linux 中，每一个系统与用户进行交流的界面称为终端。每一个从此终端开始运行的进程都会依附于该终端，这个终端称为这些进程的控制终端。当控制终端关闭时，相应的进程都会自动结束。但是守护进程却能够突破这种限制，不受终端关闭的影响。反之，如果希望某个进程不因为用户、终端或者其他的变化而受到影响，那么就必须把这个进程变成一个守护进程。

2. 编写守护进程

编写守护进程看似复杂，但实际上也是遵循一个特定的流程。下面就分 5 个步骤来讲解怎样创建一个简单的守护进程。在讲解的同时，会同时介绍与创建守护进程相关的概念和函数，希望读者能很好地掌握。

（1）创建子进程，父进程退出。

这是编写守护进程的第一步。由于守护进程是脱离控制终端的，因此，完成第一步后子进程变成后台进程，给用户感觉程序已经运行完毕。之后的所有工作都在子进程中完成，而用户通过 shell 可以执行其他的命令，从而在形式上做到了与控制终端的脱离。

到这里，有心的读者可能会问，父进程创建了子进程之后退出，此时该进程不就没有父进程了吗？守护进程中确实会出现这么一个有趣的现象。由于父进程已经先于子进程退出，会造成子进程没有父进程，从而变成一个孤儿进程。在 Linux 中，每当系统发现一个孤儿进程，就会自动由 1 号进程（也就是 init 进程）收养它，这样，原先的子进程就会变成 init 进程的子进程了。其实现代码如下。

```
pid = fork();

if (pid > 0)

{

    exit(0); /*父进程退出*/

}
```

（2）在子进程中创建新会话。

这个步骤是创建守护进程中最重要的一步，虽然它的实现非常简单，但它的意义却非常重大。在这里使用的是函数 setsid()。在具体介绍 setsid() 之前，读者首先要了解两个概念：进程组和会话期。

① 进程组。进程组是一个或多个进程的集合。进程组由进程组 ID 来唯一标识。除了进程号（PID）之外，进程组 ID 也是一个进程的必备属性。

每个进程组都有一个组长进程，其组长进程的进程号等于进程组 ID。且进程组 ID 不会因组长进程的退出而受到影响。

② 会话期。会话组是一个或多个进程组的集合。通常，一个会话开始于用户登录，终止于用户退出；或者开始于终端打开，结束于终端关闭。会话期的第一个进程称为会话组长。在此期间该用户运行的所有进程都属于这个会话期，它们之间的关系如图 3.7 所示。

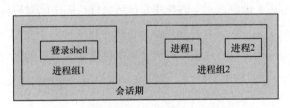

图 3.7　进程组和会话期之间的关系图

接下来就可以具体介绍 setsid() 的相关内容。

（1）setsid() 函数作用。

setsid() 函数用于创建一个新的会话，并担任该会话组的组长。调用 setsid() 有下面的 3 个作用。

① 让进程摆脱原会话的控制。

② 让进程摆脱原进程组的控制。

③ 让进程摆脱原控制终端的控制。

那么，在创建守护进程时为什么要调用 setsid() 函数呢？读者可以回忆一下创建守护进程的第一步，在那里调用了 fork() 函数来创建子进程再令父进程退出。由于在调用 fork() 函数时，子进程全盘复制了父进程的会话期、进程组和控制终端等。虽然父进程退出了，但原先的会话期、进程组和控制终端等并没有改变，因此，还不是真正意义上的独立，而 setsid() 函数能够使进程完全独立出来，从而脱离所有其他进程的控制。

（2）setsid()函数格式。

表 3.7 所示为 setsid()函数的语法规范。

表 3.7   setsid()函数语法

所需头文件	#include <sys/types.h> #include <unistd.h>
函数原型	pid_t setsid（void）;
函数返回值	成功：该进程组 ID
	出错：−1

（3）改变当前目录。

这一步也是必要的步骤。使用 fork()创建的子进程继承了父进程的当前工作目录。由于在进程运行过程中，当前目录所在的文件系统（比如 "/mnt/usb" 等）是不能卸载的，这对以后的使用会造成诸多的麻烦（比如系统由于某种原因要进入单用户模式）。因此，通常的做法是让 "/" 作为守护进程的当前工作目录，这样就可以避免上述的问题。当然，如有特殊需要，也可以把当前工作目录换成其他的路径，如 "/tmp"。改变工作目录的函数是 chdir()。

（4）重设文件权限掩码。

文件权限掩码（通常用 8 进制表示）的作用是屏蔽文件权限中的对应位。例如，如果文件权限掩码是 050，它表示屏蔽了文件组拥有者的可读与可执行权限。由于使用 fork()函数新建的子进程继承了父进程的文件权限掩码，这就给该子进程使用文件带来了一定的影响。因此，把文件权限掩码设置为 0，可以增强该守护进程的灵活性。设置文件权限掩码的函数是 umask()。在这里，通常的使用方法为 umask（0）。

（5）关闭文件描述符。

同文件权限掩码一样，用 fork()函数新建的子进程会从父进程那里继承一些已经打开了的文件。这些被打开的文件可能永远不会被守护进程访问，但它们一样占用系统资源，而且还可能导致所在的文件系统无法被卸载。

特别是守护进程和终端无关，所以指向终端设备的标准输入、标准输出和标准错误流已经失去了存在的价值，应当被关闭。通常按如下方式关闭文件描述符。

```
int num;

num = getdtablesize();   //  获取当前进程文件描述符表大小

for（i = 0; i < num; i++）

{

        close（i）;

}
```

这样，一个简单的守护进程就建立起来了，创建守护进程的流程图如图 3.8 所示。

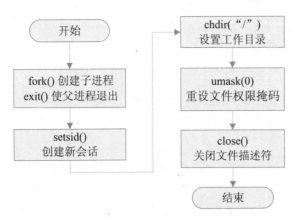

图 3.8　创建守护进程流程图

　　下面是实现守护进程的一个完整示例，该示例首先按照以上的创建流程建立了一个守护进程，然后让该守护进程每隔 2s 向日志文件"/tmp/daemon.log"写入字符串。

```
/* daemon.c 创建守护进程实例 */
#include<stdio.h>
#include<stdlib.h>
#include<string.h>
#include<fcntl.h>
#include<sys/types.h>
#include<unistd.h>
#include<sys/wait.h>

int main()
{
    pid_t pid;
    int   i, fd;
    char  *buf = "This is a Daemon\n";

    pid = fork(); /* 第一步 */
    if (pid < 0)
    {
        printf("Error fork\n");
        exit(1);
    }
    else if (pid > 0)
    {
        exit(0); /* 父进程推出 */
    }

    setsid(); /*第二步*/
```

```c
chdir ("/tmp");  /*第三步*/
umask (0);  /*第四步*/
for (i = 0; i < getdtablesize(); i++)  /*第五步*/
{
    close (i);
}


/*这时创建完守护进程，以下开始正式进入守护进程工作*/
while (1)
{
    if ((fd = open ("daemon.log",
                O_CREAT|O_WRONLY|O_TRUNC, 0600)) < 0)
    {
        printf ("Open file error\n");
        exit (1);
    }
    write (fd, buf, strlen (buf));
    close (fd);
    sleep (2);
}
exit (0);
}
```

程序运行时每隔 2s 就会在对应的文件中写入字符串。使用 ps 可以看到该进程在后台运行，命令如下。

```
$ tail -f /tmp/daemon.log
This is a Daemon
This is a Daemon
This is a Daemon
This is a Daemon
...
$ ps -ef|grep daemon
   76          root        1272    S    ./daemon
   85          root        1520    S    grep daemon
```

3. 守护进程的出错处理

读者在前面编写守护进程的具体调试过程中会发现，由于守护进程完全脱离了控制终端，因此，不能像其他普通进程一样将错误信息输出到控制终端。那么，守护进程要如何调试呢？一种通用的办法是使用 syslog 服务，将程序中的出错信息输入到系统日志文件中（如"/var/log/messages"），从而可以直观地看到程序的问题所在（"/var/log/ messages"系统日志文件只能由拥有 root 权限的超级用户查看。在不同 Linux 发行版本中，系统日志文件路径全名可能有所不同，例如，可能是"/var/log/syslog"）。

syslog 是 Linux 中的系统日志管理服务，通过守护进程 syslogd 来维护。该守护进程在启动时会读一个配置文件"/etc/syslog.conf"。该文件决定了不同种类的消息会发送向何处。例如，紧急消息可被送向系统管理员并在控制台上显示，而警告消息则可被记录到一个文件中。

该机制提供了 3 个 syslog 相关函数，分别为 openlog()、syslog()和 closelog()。下面就分别介绍这 3 个函数。

（1）相关函数说明。

通常，openlog()函数用于打开系统日志服务的一个连接；syslog()函数用于向日志文件中写入消息，在这里可以规定消息的优先级、消息输出格式等；closelog()函数用于关闭系统日志服务的连接。

（2）相关函数格式。

表 3.8 所示为 openlog()函数的语法规范。

表 3.8　　　　　　　　　　　　　　　　openlog()函数语法

所需头文件	#include <syslog.h>	
函数原型	void openlog （ char *ident, int option , int facility ）；	
函数传入值	ident	要向每个消息加入的字符串，通常为程序的名称
	option	LOG_CONS：如果消息无法送到系统日志服务，则直接输出到系统控制终端
		LOG_NDELAY：立即打开系统日志服务的连接。在正常情况下，直接发送到第一条消息时才打开连接
		LOG_PERROR：将消息也同时送到 stderr 上
		LOG_PID：在每条消息中包含进程的 PID
函数传入值	facility： 指定程序发送 的消息类型	LOG_AUTHPRIV：安全/授权信息
		LOG_CRON：时间守护进程（cron 及 at）
		LOG_DAEMON：其他系统守护进程
		LOG_KERN：内核信息
		LOG_LOCAL[0~7]：保留
		LOG_LPR：行打印机子系统
		LOG_MAIL：邮件子系统
		LOG_NEWS：新闻子系统
		LOG_SYSLOG：syslogd 内部所产生的信息
		LOG_USER：一般使用者等级信息
		LOG_UUCP：UUCP 子系统

表 3.9 所示为 syslog() 函数的语法规范。

表 3.9 syslog()函数语法

所需头文件	#include <syslog.h>	
函数原型	void syslog（int priority, char *format, ... ）;	
函数传入值	priority：指定消息的重要性	LOG_EMERG：系统无法使用
		LOG_ALERT：需要立即采取措施
		LOG_CRIT：有重要情况发生
		LOG_ERR：有错误发生
		LOG_WARNING：有警告发生
		LOG_NOTICE：正常情况，但也是重要情况
		LOG_INFO：信息消息
		LOG_DEBUG：调试信息
	format	以字符串指针的形式表示输出的格式，类似于 printf 中的格式

表 3.10 所示为 closelog() 函数的语法规范。

表 3.10 closelog()函数语法

所需头文件	#include <syslog.h>
函数原型	void closelog（void）;

（3）使用示例。

这里将上一节中的示例程序用 syslog 服务进行重写，其中有区别的地方用加粗的字体表示，源代码如下。

```
/* syslog_daemon.c利用syslog服务的守护进程实例 */
#include <stdio.h>
#include <stdlib.h>
#include <string.h>
#include <fcntl.h>
#include <sys/types.h>
#include <unistd.h>
#include <sys/wait.h>
#include <syslog.h>


int main()
{
    pid_t pid, sid;
```

```
int   i, fd;
char  *buf = "This is a Daemon\n";


pid = fork(); /* 第一步 */
if (pid < 0)
{
    printf("Error fork\n");
    exit(1);
}
else if (pid > 0)
{
    exit(0); /* 父进程退出 */
}


/* 打开系统日志服务，openlog */
openlog("daemon_syslog", LOG_PID, LOG_DAEMON);
if ((sid = setsid()) < 0)  /*第二步*/
{
    syslog(LOG_ERR, "%s\n", "setsid");
    exit(1);
}


if ((sid = chdir("/")) < 0)  /*第三步*/
{
    syslog(LOG_ERR, "%s\n", "chdir");
    exit(1);
}


umask(0); /*第四步*/
for(i = 0; i < getdtablesize(); i++)  /*第五步*/
{
    close(i);
}


/*这时创建完守护进程，以下开始正式进入守护进程工作*/
while(1)
```

```
    {
        if ((fd = open ("/tmp/daemon.log",
                        O_CREAT|O_WRONLY|O_APPEND, 0600)) < 0)
        {
            syslog (LOG_ERR, "open");
            exit (1);
        }

        write (fd, buf, strlen (buf) + 1);
        close (fd);
        sleep (10);
    }

    closelog();
    exit (0);
}
```

读者可以尝试用普通用户的身份执行此程序，由于这里的 open()函数必须具有 root 权限，因此，syslog 就会将错误信息写入系统日志文件（如"/var/log/messages"）中，信息如下。

```
Jan 30 18:20:08 localhost daemon_syslog[612]: open
```

3.3　实验内容编写多进程程序

1. 实验目的

通过编写多进程程序，使读者熟练掌握 fork()、exec()、wait()和 waitpid()等函数的使用，进一步理解在 Linux 中多进程编程的步骤。

2. 实验内容

该实验有 3 个进程，其中一个为父进程，其余两个是该父进程创建的子进程，其中一个子进程运行"ls -l"指令，另一个子进程在暂停 5s 之后异常退出，父进程先用阻塞方式等待第一个子进程的结束，然后用非阻塞方式等待另一个子进程的退出，待收集到第二个子进程结束的信息，父进程就返回。

3. 实验步骤

（1）画出该实验流程图。

该实验流程图如图 3.9 所示。

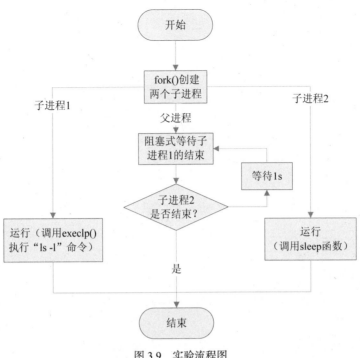

图 3.9　实验流程图

（2）实验源代码。

先看一下下面的代码，这个程序能得到我们所希望的结果吗？它的运行会产生几个进程？请读者回忆一下 fork()调用的具体过程。

```c
/* multi_proc_wrong.c */
#include <stdio.h>
#include <stdlib.h>
#include <sys/types.h>
#include <unistd.h>
#include <sys/wait.h>

int main(void)
{
    pid_t child1, child2, child;
    /*创建两个子进程*/
    child1 = fork();
    child2 = fork();
    /*子进程 1 的出错处理*/
    if (child1 == -1)
    {
```

```
        printf ("Child1 fork error\n");
        exit (1);
    }
else if (child1 == 0) /*在子进程 1 中调用 execlp()函数*/
{
        printf ("In child1: execute 'ls -l'\n");
        if (execlp ("ls", "ls", "-l", NULL) < 0)
        {
            printf ("Child1 execlp error\n");
        }
    }


    if (child2 == -1) /*子进程 2 的出错处理*/
    {
        printf ("Child2 fork error\n");
        exit (1);
    }
    else if ( child2 == 0 ) /*在子进程 2 中使其暂停 5s*/
    {
        printf ("In child2: sleep for 5 seconds and then exit\n");
        sleep (5);
        exit (0);
    }
    else /*在父进程中等待两个子进程的退出*/
    {
        printf ("In father process:\n");
        child = waitpid (child1, NULL, 0); /* 阻塞式等待 */
        if (child == child1)
        {
            printf ("Get child1 exit code\n");
        }
        else
        {
            printf ("Error occured!\n");
        }
```

```
        do
        {
            child = waitpid(child2, NULL, WNOHANG);/* 非阻塞式等待 */
            if (child == 0)
            {
                printf("The child2 process has not exited!\n");
                sleep(1);
            }
        } while (child == 0);

        if (child == child2)
        {
            printf("Get child2 exit code\n");
        }
        else
        {
            printf("Error occured!\n");
        }
    }
    exit(0);
}
```

编译和运行以上代码，并观察其运行结果。它的结果是我们所希望得到的吗？

看完前面的代码之后，再观察下面的代码，它们之间有什么区别，会解决哪些问题？

```
/* multi_proc.c */
#include <stdio.h>
#include <stdlib.h>
#include <sys/types.h>
#include <unistd.h>
#include <sys/wait.h>

int main(void)
{
    pid_t child1, child2, child;

    /*创建两个子进程*/
    child1 = fork();
```

```c
/*子进程1的出错处理*/
if (child1 == -1)
{
    printf("Child1 fork error\n");
    exit(1);
}
else if (child1 == 0) /*在子进程1中调用execlp()函数*/
{
    printf("In child1: execute 'ls -l'\n");
    if (execlp("ls", "ls", "-l", NULL) < 0)
    {
        printf("Child1 execlp error\n");
    }
}
else /*在父进程中再创建进程2,然后等待两个子进程的退出*/
{
    child2 = fork();
    if (child2 == -1) /*子进程2的出错处理*/
    {
        printf("Child2 fork error\n");
        exit(1);
    }
    else if(child2 == 0) /*在子进程2中使其暂停5s*/
    {
        printf("In child2: sleep for 5 seconds and then exit\n");
        sleep(5);
        exit(0);
    }

    printf("In father process:\n");
    ……(以下部分跟前面程序的父进程执行部分相同)
}
exit(0);
}
```

（3）编译程序并运行。

4. 实验结果

运行的结果如下（具体内容与各自的系统有关）。

```
$ ./multi_proc
In child1: execute 'ls -l'          /* 子进程 1 的显示，以下是"ls -l"的运行结果 */
total 28
-rwxr-xr-x 1 david root  232 2008-07-18 04:18 Makefile
-rwxr-xr-x 1 david root 8768 2008-07-20 19:51 multi_proc
-rw-r--r-- 1 david root 1479 2008-07-20 19:51 multi_proc.c
-rw-r--r-- 1 david root 3428 2008-07-20 19:51 multi_proc.o
-rw-r--r-- 1 david root 1463 2008-07-20 18:55 multi_proc_wrong.c
In child2: sleep for 5 seconds and then exit /* 子进程 2 的显示 */
In father process:   75                        /* 以下是父进程显示 */
Get child1 exit code                           /* 表示子进程 1 结束（阻塞等待）*/
The child2 process has not exited!             /* 等待子进程 2 结束（非阻塞等待）*/
The child2 process has not exited!
The child2 process has not exited!
The child2 process has not exited!
The child2 process has not exited!
Get child2 exit code                           /* 表示子进程 2 结束*/
```

小结

  Linux 是一种支持多任务的操作系统。Linux 支持多进程、多线程等多任务处理和任务之间的多种通信机制。

  本章主要介绍任务、进程、线程的基本概念和特性以及它们之间的关系。这些概念也是嵌入式 Linux 应用编程的最基本的内容，因此，读者一定要牢牢掌握。

  接下来，本章具体介绍了进程的生命周期、进程的内存结构等内容。

  本章的编程部分讲解多进程编程，包括创建进程、exec 函数族、等待/退出进程等多进程编程的基本内容，并且举实例加以区别。exec 函数族较为庞大，希望读者能够仔细比较它们之间的区别，认真体会并理解。

  最后本章讲解了 Linux 守护进程的编写，包括守护进程的概念、编写守护进程的步骤以及守护进程的出错处理。由于守护进程非常特殊，因此，在编写时有不少的细节需要特别注意。守护进程的编写实际上涉及进程控制编程的很多部分，需要加以综合应用。

本章的实验安排了多进程编程，希望读者能够认真完成。

思考与练习

1. 什么叫多任务系统？任务、进程、线程分别是什么，它们之间有何区别？
2. 讲述 Linux 下进程状态如何切换。

第4章

Linux 进程间通信

通过前面的学习，读者已经知道了进程是程序的一次执行过程。每个进程创建时有独立的 4GB 空间，有自己的代码段、数据段、堆栈等资源。很多时候，不同的进程之间需要交换数据，即互相通信。本章将介绍不同进程间通信的相关机制。

本章主要内容：

- 管道通信；
- 信号通信；
- 信号量；
- 共享内存；
- 消息队列。

4.1 Linux 下进程间通信概述

Linux 下的进程通信机制基本是从 UNIX 平台继承而来。对 UNIX 发展做出重大贡献的两大主力 AT&T 的贝尔实验室及 BSD（加州大学伯克利分校的伯克利软件发布中心）在进程间通信方面的侧重点有所不同。前者是对 UNIX 早期的进程间通信手段进行了系统的改进和扩充，形成了 System V IPC，互相通信的进程局限在单个计算机内；后者则跳过了该限制，形成了基于套接字（Socket）的进程间通信机制。Linux 把两者的优势都继承了下来，如图 4.1 所示。

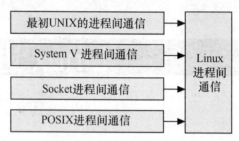

图 4.1　进程间通信发展历程

传统的 UNIX 进程间通信方式包括管道、FIFO 以及信号。

System V 进程间通信（IPC）包括 System V 消息队列、System V 信号量以及 System V 共享内存。

POSIX 进程间通信机制包括 POSIX 消息队列、POSIX 信号量以及 POSIX 共享内存区。

现在在 Linux 中使用较多的进程间通信方式主要有以下几种。

（1）无名管道（pipe）及有名管道（fifo）：无名管道可用于具有亲缘关系进程间的通信；有名管道除具有管道相似的功能外，它还允许无亲缘关系进程使用。

（2）信号（signal）：信号是在软件层次上对中断机制的一种模拟，它是比较复杂的通信方式，用于通知进程某事件发生。一个进程收到一个信号与处理器收到一个中断请求处理的过程类似。

（3）消息队列（message queue）：消息队列是消息的链接表，包括 POSIX 消息队列和 System V 消息队列。它克服了前两种通信方式中信息量有限的缺点，具有写权限的进程可以按照一定的规则向消息队列中添加新消息；对消息队列有读权限的进程则可以从消息队列中读取消息。

（4）共享内存（shared memory）：可以说这是最有效的进程间通信方式。它使得多个进程可以访问同一块内存空间，不同进程可以及时看到对方进程中对共享内存中数据的更新。这种通信方式需要依靠某种同步机制，如互斥锁和信号量等。

（5）信号量（semaphore）：主要作为进程之间以及同一进程的不同线程之间的同步和互斥手段。

（6）套接字（socket）：这是一种使用更广泛的进程间通信机制，它可用于网络中不同主机之间的进程间通信，应用非常广泛。

本章将详细介绍前 5 种进程通信方式，对第 6 种通信方式将在第 7 章中单独介绍。

4.2　管道通信

4.2.1　管道简介

管道是 Linux 中进程间通信的一种方式,它把一个程序的输出直接连接到另一个程序的输入。Linux 的管道主要包括两种：无名管道和有名管道。

1. 无名管道

无名管道是 Linux 中管道通信的一种原始方法，如图 4.2（a）所示，它具有如下特点。

（1）只能用于具有亲缘关系的进程之间的通信（也就是父子进程或者兄弟进程之间）。

（2）是一个单工的通信模式，具有固定的读端和写端。

（3）管道也可以看成是一种特殊的文件，对于它的读写也可以使用普通的 read()、write() 等函数。但是它不属于任何文件系统，并且只存在于内存中。

2. 有名管道

有名管道（FIFO）是对无名管道的一种改进，如图 4.2（b）所示，它具有如下特点。

（1）它可以使互不相关的两个进程实现彼此通信。

（2）该管道可以通过路径名来指出，并且在文件系统中是可见的。在建立了管道之后，两个进程就可以把它当作普通文件一样进行读写操作，使用非常方便。

（3）FIFO 严格地遵循先进先出规则，对管道及 FIFO 的读总是从开始处返回数据，对它们的写则把数据添加到末尾。有名管道不支持如 lseek() 等文件定位操作。

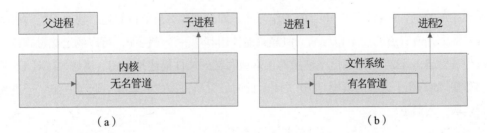

图 4.2　无名管道（a）和有名管道（b）

4.2.2　无名管道系统调用

1. 无名管道创建与关闭

无名管道是基于文件描述符的通信方式。当一个管道建立时，它会创建两个文件描述符: fd[0]

和 fd[1]。其中 fd[0]固定用于读管道，而 fd[1]固定用于写管道。如图 4.3 所示，这样就构成了一个单向的数据通道。

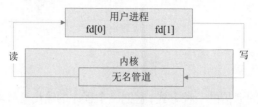

图 4.3　无名管道的读写机制

管道关闭时只需用 close()函数将这两个文件描述符关闭即可。

2．管道创建函数

创建管道可以通过 pipe()来实现，表 4.1 所示为 pipe()函数的语法要点。

表 4.1　　　　　　　　　　　　　　　　pipe()函数语法要点

所需头文件	#include <unistd.h>
函数原型	int pipe(int fd[]);
函数传入值	fd：包含两个元素的整型数组，存放管道对应的文件描述符
函数返回值	成功：0
	出错：−1

3．**管道读写说明**

用 pipe()函数创建的管道两端处于一个进程中。由于管道主要是用于不同进程间的通信，通常先是创建一个管道，再调用 fork()函数创建一子进程，该子进程会继承父进程所创建的管道。这时，父子进程管道的文件描述符对应关系如图 4.4 所示。

需要注意的是，无名管道是单工的工作方式，即进程要么只能读管道，要么只能写管道。父子进程虽然都拥有管道的读端和写端，但是只能使用其中一个（例如，可以约定父进程读管道，而子进程写管道）。这样就应该把不使用的读端或写端的文件描述符关闭。例如，在图 4.5 中将父进程的写端 fd[1]和子进程的读端 fd[0]关闭。此时，父子进程之间就建立起了一条"子进程写入父进程读取"的通道。

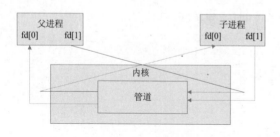

图 4.4　父子进程管道的文件描述符对应关系

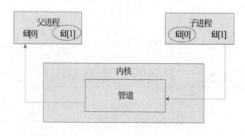

图 4.5　关闭父进程 fd[1]和子进程 fd[0]

同样，也可以关闭父进程的 fd[0]和子进程的 fd[1]，这样就可以建立一条"父进程写入子进程读取"的通道。另外，父进程也可以创建多个子进程，各个子进程都继承了管道的 fd[0]和 fd[1]，这样就可以建立子进程之间的数据通道。

4．管道读写注意点

（1）只有在管道的读端存在时，向管道写入数据才有意义，否则，向管道写入数据的进程将收到内核传来的 SIGPIPE 信号（通常为 Broken Pipe 错误）。

（2）向管道写入数据时，Linux 将不保证写入的原子性，管道缓冲区只要有空间，写进程就会试图向管道写入数据。如果管道缓冲区已满，那么写操作将会一直阻塞。

（3）父子进程在运行时，它们的先后次序并不能保证。为了确保父子进程已经关闭了相应的文件描述符，可在两个进程中调用 sleep()函数。当然这种调用不是很好的解决方法，在后面学习了进程之间的同步与互斥机制之后，请读者自行修改本小节的实例程序。

5．使用实例

在本例中，首先创建管道，然后父进程使用 fork()函数创建子进程，最后通过关闭父进程的读描述符和子进程的写描述符，建立起它们之间的管道通信。

```c
/* pipe.c */
#include <unistd.h>
#include <sys/types.h>
#include <errno.h>
#include <stdio.h>
#include <stdlib.h>
#define MAX_DATA_LEN  256
#define DELAY_TIME    1

int main()
{
    pid_t pid;
    int pipe_fd[2];
    char buf[MAX_DATA_LEN];
    const char data[] = "Pipe Test Program";
    int real_read, real_write;

    memset(buf, 0, sizeof(buf));
    if (pipe(pipe_fd) < 0) /* 创建管道 */
    {
```

```
        perror("fail to pipe");
        exit(-1);
    }
    if ((pid = fork()) == 0) /* 创建一子进程 */
    {
        /* 子进程关闭写描述符，并通过使子进程暂停 1s 等待父进程已关闭相应的读描述符 */
        close(pipe_fd[1]);
        sleep(DELAY_TIME);
        /* 子进程读取管道内容 */
        if ((real_read = read(pipe_fd[0], buf, MAX_DATA_LEN)) > 0)
        {
            printf("%d bytes read from the pipe is '%s'\n", real_read, buf);
        }
        close(pipe_fd[0]); /* 关闭子进程读描述符 */
        exit(0);
    }
    else if (pid > 0)
    {
        /* 父进程关闭读描述符 */
        close(pipe_fd[0]);
        if((real_write = write(pipe_fd[1], data, strlen(data))) != -1)
        {
            printf("parent wrote %d bytes : '%s'\n", real_write, data);
        }
        close(pipe_fd[1]); /*关闭父进程写描述符*/
        waitpid(pid, NULL, 0); /*收集子进程退出信息*/
        exit(0);
    }
}
```

该程序编译后运行结果如下。

```
$ ./pipe
parent wrote 17 bytes : 'Pipe Test Program'
17 bytes read from the pipe is 'Pipe Test Program
```

4.2.3　有名管道

有名管道（FIFO）的创建可以使用 mkfifo()函数，该函数类似文件中的 open()操作，可以指定管道的路径和访问权限（用户也可以在命令行使用"mknod　<管道名>"来创建有名管道）。

在创建管道成功之后，就可以使用 open()、read()和 write()这些函数了。与普通文件一样，对于为读而打开的管道可在 open()中设置 O_RDONLY，对于为写而打开的管道可在 open()中设置 O_WRONLY。

1. 对于读进程

缺省情况下，如果当前 FIFO 内没有数据，读进程将一直阻塞到有数据写入或是 FIFO 写端都被关闭。

2. 对于写进程

只要 FIFO 有空间，数据就可以被写入。若空间不足，写进程会阻塞，直到数据都写入为止。
表 4.2 所示为 mkfifo()函数的语法要点。

表 4.2　　　　　　　　　　　　　　　mkfifo()函数语法要点

所需头文件	#include <sys/types.h> #include <sys/state.h>
函数原型	int mkfifo(const char *filename,mode_t mode)
参数	filename：要创建的管道名
参数	mode：管道的访问权限
函数返回值	成功：0
	出错：−1

和 FIFO 相关的出错信息如表 4.3 所示。

表 4.3　　　　　　　　　　　　　FIFO 相关的出错信息

EACCESS	参数 filename 所指定的目录路径无可执行的权限
EEXIST	参数 filename 所指定的文件已存在
ENAMETOOLONG	参数 filename 的路径名称太长
ENOENT	参数 filename 包含的文件不存在
ENOSPC	文件系统的剩余空间不足
ENOTDIR	参数 filename 路径中的目录存在但却非真正的目录
EROFS	参数 filename 指定的文件存在于只读文件系统内

下面的示例包含了两个程序，一个用于读管道，另一个用于写管道。其中在读管道的程序里

创建管道，并且作为 main()函数里的参数由用户输入要写入的内容。读管道的程序会读出用户写入管道的内容。

写管道的程序如下。

```c
/* fifo_write.c */
#include <stdio.h>
#include <stdlib.h>
#include <errno.h>
#include <fcntl.h>
#include <string.h>
#define MYFIFO              "/tmp/myfifo"      /* 有名管道文件名*/

int main(int argc, char * argv[])  /*参数为即将写入的字符串*/
{
    int fd;
    int nwrite;

    if(argc < 2)
    {
        printf("Usage: ./fifo_write string\n");
        exit(-1);
    }


    /* 以只写方式打开 FIFO 管道 */
    if ((fd = open(MYFIFO, O_WRONLY)) < 0)
    {
        perror("fail to open fifo");
        exit(-1);
    }


    /*向管道中写入字符串*/
    if ((nwrite = write(fd, argv[1], strlen(argv[1])+1)) > 0)
    {
        printf("Write '%s' to FIFO\n", argv[1]);
    }
    close(fd);
```

```
        return 0;

}
```

读管道程序如下。

```
/*fifo_read.c*/
/*头文件和宏定义同 fifo_write.c*/
int main()
{
    char buf[256];

    int  fd;


    /* 判断有名管道是否已存在，若尚未创建，则以相应的权限创建*/
    if (access(MYFIFO, F_OK) == -1)  // 管道文件不存在
    {
        if (mkfifo(MYFIFO, 0666) < 0)
        {
            perror("fail to mkfifo");
            exit(-1);
        }
    }
    /* 以只读方式打开有名管道 */
    if ((fd = open(MYFIFO, O_RDONLY)) < 0)
    {
        perror("fail to open fifo");
        exit(-1);
    }


    while (1)
    {
        memset(buf, 0, sizeof(buf));
        if ((nread = read(fd, buf, 256)) > 0)
        {
            printf("Read '%s' from FIFO\n", buf);
        }
    }
    close(fd);
```

```
    return 0;
}
```

读者需要把这两个程序分别在两个终端运行。首先启动读管道程序，读进程在建立管道之后就开始循环地从管道里读出内容。如果当前管道中没有数据，则一直阻塞到写管道进程向管道写入数据。在运行了写管道程序后，读进程能够从管道里读出用户的输入内容，程序运行结果如下。

终端一：

```
$ ./fifo_read
Read 'FIFO' from FIFO
Read 'Test' from FIFO
Read 'Program' from FIFO
......
```

终端二：

```
$ ./fifo_write FIFO
Write 'FIFO' to FIFO
$ ./fifo_write Test
Write 'Test' to FIFO
$ ./fifo_write Program
Write 'Program' to FIFO
......
```

4.3 信号通信

4.3.1 信号概述

信号是在软件层次上对中断机制的一种模拟。在原理上，一个进程收到一个信号与处理器收到一个中断请求可以说是一样的。信号是异步的：一个进程不必通过任何操作来等待信号的到达。事实上，进程也不知道信号到底什么时候到达。信号可以直接进行用户空间进程和内核进程之间的交互，内核进程也可以利用它来通知用户空间进程发生了哪些系统事件。它可以在任何时候发给某一进程，而无需知道该进程的状态。如果该进程当前并未处于执行态，则该信号就由内核保存起来，直到该进程恢复执行再传递给它为止；如果一个信号被进程设置为阻塞，则该信号的传递被延迟，直到其阻塞被取消时才被传递给进程。

信号是进程间通信机制中唯一的异步通信机制。我们可以把这种机制看作异步通知，通知接收信号的进程有哪些事情发生了。信号机制经过 POSIX 实时扩展后，功能更加强大，除了基本通知功能外，还可以传递附加信息。

信号事件的产生有硬件来源（比如按下了键盘或者其他硬件故障）和软件来源，常用的信号相关函数有 kill()、raise()、alarm()、setitimer()和 sigqueue()等，软件来源还包括一些非法运算等操作。

进程可以通过 3 种方式来响应一个信号。

（1）忽略信号。

即对信号不做任何处理，其中，有两个信号不能忽略：SIGKILL 及 SIGSTOP。

（2）捕捉信号。

定义信号处理函数，当信号发生时，执行相应的处理函数。

（3）执行默认操作。

Linux 对每种信号都规定了默认操作，如表 4.4 所示。

表 4.4　　　　　　　　　　　　常见信号的含义及其默认操作

信 号 名	含　　　义	默 认 操 作
SIGHUP	该信号在用户终端连接（正常或非正常）结束时发出，通常是在终端的控制进程结束时，通知同一会话内的各个进程与控制终端不再关联	终止进程
SIGINT	该信号在用户输入 INTR 字符（通常是 Ctrl+C）时发出，终端驱动程序发送此信号并送到前台进程中的每一个进程	终止进程
SIGQUIT	该信号和 SIGINT 类似，但由 QUIT 字符（通常是 Ctrl+\）来控制	终止进程
SIGILL	该信号在一个进程企图执行一条非法指令时（可执行文件本身出现错误，或者试图执行数据段、堆栈溢出时）发出	终止进程
SIGFPE	该信号在发生致命的算术运算错误时发出，这里不仅包括浮点运算错误，还包括溢出及除数为 0 等其他所有的算术的错误	终止进程
SIGKILL	该信号用来立即结束程序的运行，并且不能被阻塞、处理和忽略	终止进程
SIGALARM	该信号当一个定时器到时的时候发出	终止进程
SIGSTOP	该信号用于暂停一个进程，且不能被阻塞、处理或忽略	暂停进程
SIGTSTP	该信号用于交互停止进程，用户可输入 SUSP 字符时（通常是 Ctrl+Z）发出这个信号	停止进程
SIGCHLD	子进程改变状态时，父进程会收到这个信号	忽略

信号的相关函数包括信号的发送和设置，具体如下。

发送信号的函数：kill()、raise()。

设置信号的函数：signal()、sigaction()。

其他函数：alarm()、pause()。

4.3.2 信号发送与设置

1. 信号发送：kill()和 raise()

kill()函数同读者熟知的 kill 系统命令一样，可以发送信号给进程或进程组（实际上，kill 系统命令就是用 kill()函数实现的）。需要注意的是，它不仅可以终止进程（发送 SIGTERM 信号），也可以向进程发送其他信号。

与 kill()函数所不同的是，raise()函数只允许进程向自身发送信号。

表 4.5 所示为 kill()函数的语法要点。

表 4.5　　　　　　　　　　　　　　kill()函数语法要点

所需头文件	#include <signal.h>	
	#include <sys/types.h>	
函数原型	int kill(pid_t pid, int sig);	
函数传入值	pid	正数：发送信号给进程号为 pid 的进程
		0：信号被发送到所有和当前进程在同一个进程组的进程
		−1：信号发给所有的进程表中的进程（除了进程号最大的进程外）
		<−1：信号发送给进程组号为-pid 的每一个进程
	sig：信号类型	
函数返回值	成功：0	
	出错：−1	

表 4.6 所示为 raise()函数的语法要点。

表 4.6　　　　　　　　　　　　　　raise()函数语法要点

所需头文件	#include <signal.h>
	#include <sys/types.h>
函数原型	int raise(int sig);
函数传入值	sig：信号类型
函数返回值	成功：0
	出错：−1

下面的示例首先使用 fork()创建了一个子进程,在子进程中使用 raise()函数向自身发送 SIGSTOP 信号，使子进程暂停；接下来再在父进程中调用 kill()向子进程发送信号，在该示例中使用的是 SIGKILL，读者可以使用其他信号进行练习。

```c
/* kill_raise.c */
#include <stdio.h>
#include <stdlib.h>
#include <signal.h>
#include <sys/types.h>
#include <sys/wait.h>

int main()
{
    pid_t pid;
    int ret;

    /* 创建一子进程 */
    if ((pid = fork()) < 0)
    {
        printf("Fork error\n");
        exit(-1);
    }

    if (pid == 0)
    {
        /* 在子进程中使用 raise() 函数发出 SIGSTOP 信号, 使子进程暂停 */
        printf("child(pid : %d) is waiting for any signal\n", getpid());
        raise(SIGSTOP);
        exit(0);
    }
    else
    {
        /* 在父进程中收集子进程的状态, 并调用 kill() 函数发送信号 */
        if ((waitpid(pid, NULL, WNOHANG)) == 0)
        {
            kill(pid, SIGKILL));
            printf("parent kill child process %d\n",pid);
        }
        waitpid(pid, NULL, 0);
        exit(0);
```

```
        }
    }
```

该程序运行结果如下。

```
$ ./kill_raise
child(pid : 4877) is waiting for any signal
parent kill child process 4877
```

2. 定时器信号：alarm()、pause()

alarm()也称为闹钟函数，它可以在进程中设置一个定时器。当定时器指定的时间到时，它就向进程发送 SIGALARM 信号。要注意的是，一个进程只能有一个闹钟时间，如果在调用 alarm()之前已设置过闹钟时间，则任何以前的闹钟时间都被新值所代替。

pause()函数是用于将调用进程挂起直至接收到信号为止。

表 4.7 所示为 alarm()函数的语法要点。

表 4.7 alarm()函数语法要点

所需头文件	#include <unistd.h>
函数原型	unsigned int alarm(unsigned int seconds);
函数传入值	seconds：指定秒数，系统经过 seconds 秒之后向该进程发送 SIGALARM 信号
函数返回值	成功：如果调用此 alarm()前，进程中已经设置了闹钟时间，则返回上一个闹钟剩余的时间，否则返回 0
	出错：−1

表 4.8 所示为 pause()函数的语法要点。

表 4.8 pause()函数语法要点

所需头文件	#include <unistd.h>
函数原型	int pause(void);
函数返回值	−1，并且把 errno 值设为 EINTR

以下示例实际上已完成了一个简单的 sleep()函数的功能，由于 SIGALARM 默认的系统动作为终止该进程，因此程序在打印信息之前就已经结束了。

```c
/* alarm_pause.c */
#include <unistd.h>
#include <stdio.h>
#include <stdlib.h>
```

```
int main()
{
    /*调用 alarm 定时器函数*/
    alarm(5);
    pause();
    printf("I have been waken up.\n",ret); /* 此语句不会被执行 */
}
$./alarm_pause
Alarm clock  // SIGALARM 信号默认处理函数打印
```

3. 信号的设置：signal()和 sigaction()

信号处理的主要方法有两种：一种是使用简单的 signal()函数，另一种是使用 sigaction。下面分别介绍这两种处理方式。

（1）signal 函数。

使用 signal()函数时，只需要指定的信号类型和信号处理函数即可。它主要是用于前 32 种非实时信号的处理，不支持信号传递信息。由于使用简单、易于理解，因此受到很多程序员的欢迎。

表 4.9 所示为 signal()函数的语法要点。

表 4.9　　　　　　　　　　　　signal()函数语法要点

所需头文件	#include <signal.h>		
函数原型	typedef　void　(*sighandler_t)(int); sighandler_t　signal(int signum, sighandler_t handler);		
函数传入值	signum：指定信号代码		
	Handler	SIG_IGN：忽略该信号	
		SIG_DFL：采用系统默认方式处理信号	
		自定义的信号处理函数	
函数返回值	成功：以前的信号处理函数		
	出错：–1		

这里需要对这个函数原型进行说明。该函数第二个参数和返回值类型都是指向一个无返回值并且带一个整型参数的函数的指针。

（2）sigaction 函数。

sigaction 函数相对 signal 函数更加健壮、功能更全，建议使用该函数。

表 4.10 所示为 sigaction()的语法要点。

表 4.10	sigaction()函数语法要点
所需头文件	#include <signal.h>
函数原型	int sigaction(int signum, const struct sigaction *act, struct sigaction *oldact);
函数传入值	signum：信号类型，除 SIGKILL 及 SIGSTOP 之外的任何一个信号
	act：指向 sigaction 结构体的指针，包含对特定信号的处理
	oldact：保存信号原先的的处理方式
函数返回值	成功：0
	出错：−1

下面解释下 sigaction 函数中第 2 个和第 3 个参数用到的 sigaction 结构体。

首先看一下结构体 sigaction 的定义：

```
struct sigaction
{
    void (*sa_handler)(int signo);
    sigset_t sa_mask;
    int sa_flags;
    void (*sa_restore)(void);
}
```

sa_handler 是一个函数指针，指向信号处理函数。它既可以是用户自定义的处理函数，也可以为 SIG_DFL（采用默认的处理方式）或 SIG_IGN（忽略信号）。信号处理函数只有一个参数，即信号类型。

sa_mask 是一个信号集合，用来指定在信号处理函数执行过程中哪些信号被屏蔽。

sa_flags 中包含了许多标志位，都是和信号处理相关的选项。常见可选值如表 4.11 所示。

表 4.11	常见信号的含义及其默认操作
选　项	含　义
SA_NODEFER / SA_NOMASK	当接收到此信号，执行信号处理函数时，系统不会屏蔽此信号
SA_NOCLDSTOP	忽略子进程切换到停止态或恢复运行态时发出的 SIGCHLD 信号
SA_RESTART	重新执行被信号中断的系统调用
SA_ONESHOT / SA_RESETHAND	自定义信号处理函数只执行一次，在执行完毕后恢复信号的系统默认动作

以下示例演示了如何使用 signal()函数捕捉相应信号，并进行给定的处理。这里，my_func 就是自定义的信号处理函数。读者还可以将其改为 SIG_IGN 或 SIG_DFL 查看运行结果。第二个示例是用 sigaction()函数实现同样的功能。

signal()函数的使用示例如下。

```c
/* signal.c */
#include <signal.h>
#include <stdio.h>
#include <stdlib.h>

/*自定义信号处理函数*/
void my_func(int sign_no)
{
    if (sign_no == SIGINT)
    {
        printf("I have got SIGINT\n");
    }
     else if (sign_no == SIGQUIT)
     {
        printf("I have got SIGQUIT\n");
     }
}

int main()
{
    printf("Waiting for signal SIGINT or SIGQUIT...\n");

    /* 设置信号的处理函数 */
    signal(SIGINT, my_func);
    signal(SIGQUIT, my_func);
    pause();
    exit(0);
}
```

运行结果如下。

```
$ ./signal
Waiting for signal SIGINT or SIGQUIT...
I have got SIGINT（按 ctrl-c 组合键）
$ ./signal
Waiting for signal SIGINT or SIGQUIT...
I have got SIGQUIT（按 ctrl-\ 组合键）
```

以下是用 sigaction()函数实现同样的功能，并只列出 main()函数部分。

```c
/* sigaction.c */
/* 头文件省略 */
int main()
{
    struct sigaction action;

    /* sigaction结构初始化 */
    sigaction(SIGINT, 0, &action);
    action.sa_handler = my_func;
    sigaction(SIGINT, &action, 0);

    sigaction(SIGQUIT, 0, &action);
    action.sa_handler = my_func;
    sigaction(SIGQUIT, &action, 0);
    printf("Waiting for signal SIGINT or SIGQUIT...\n");

    pause();
    exit(0);
}
```

4.4　信号量

4.4.1　信号量概述

在多任务操作系统环境下，多个进程/线程会同时运行。多个任务可能为了完成同一个目标会相互协作，这样形成任务之间的同步关系。同样，在不同任务之间为了争夺有限的系统资源（硬件或软件资源）会进入竞争状态，这就是任务之间的互斥关系。

任务之间的互斥与同步关系存在的根源在于临界资源。临界资源是指在同一个时刻只允许有限个（通常只有一个）任务可以访问（读）或修改（写）的资源，通常包括硬件资源（处理器、内存、存储器以及其他外围设备等）和软件资源（共享代码段、共享结构和变量等）。访问临界资源的代码称为临界区。

信号量是用来解决进程/线程之间的同步与互斥问题的一种通信机制，包括一个称为信号量的变量和在该信号量下等待资源的进程等待队列，以及对信号量进行的两个原子操作（PV 操作）。其中信号量对应于某一种资源，取一个非负的整型值。信号量值指的是当前可用的该资源的数量，若它等于 0 则意味着目前没有可用的资源。

PV 原子操作的具体定义如下。

P 操作：如果有可用的资源（信号量值大于 0），则占用一个资源（信号量值减 1，进入临界区代码）；如果没有可用的资源（信号量值等于 0），则被阻塞，直到系统将资源分配给该任务（进入等待队列，一直等到有资源时被唤醒）。

V 操作：如果在该信号量的等待队列中有任务在等待资源，则唤醒一个阻塞任务。如果没有任务等待它，则释放一个资源（信号量值加 1）。

常见的使用信号量访问临界资源的伪代码所下。

```
{
        /* 设 R 为某种资源，S 为保护资源 R 的信号量 */
        INIT_VAL(S);                    /* 对信号量 S 进行初始化 */
        非临界区；
        P(S);                           /* 进行 P 操作 */
        临界区（访问资源 R）；      /* 只有有限个（通常只有一个）进程被允许进入该区 */
        V(S);                           /* 进行 V 操作 */
        非临界区；
}
```

最简单的信号量只有 0 和 1 两种值，这种信号量被称为二值信号量。在本节中，主要讨论二值信号量。二值信号量的应用比较容易扩展到使用多值信号量的情况。

4.4.2　信号量编程

1．函数说明

在 Linux 系统中，使用信号量通常分为以下几个步骤。

（1）创建信号量或获得系统已存在的信号量，此时需要调用 semget()函数。不同进程通过使用同一个信号量键值来获得同一个信号量。

（2）初始化信号量，此时使用 semctl()函数的 SETVAL 操作。当使用二维信号量时，通常将信号量初始化为 1。

（3）进行信号量的 PV 操作，此时调用 semop()函数。这一步是实现进程之间的同步和互斥的核心工作部分。

（4）如果不需要信号量，则从系统中删除它，此时使用 semclt()函数的 IPC_RMID 操作。此时需要注意，在程序中不应该出现对已经被删除的信号量的操作。

2．函数格式

表 4.12 所示为 semget()函数的语法要点。

表 4.12   semget()函数语法要点

所需头文件	#include <sys/types.h> #include <sys/ipc.h> #include <sys/sem.h>
函数原型	int semget(key_t key, int nsems, int semflg);
函数传入值	key：信号量的键值，多个进程可以通过它访问同一个信号量，其中有个特殊值 IPC_PRIVATE。它用于创建当前进程的私有信号量
	nsems：需要创建的信号量数目，通常取值为 1
	semflg：同 open()函数的权限位，也可以用八进制表示法，其中使用 IPC_CREAT 标志创建新的信号量，即使该信号量已经存在（具有同一个键值的信号量已在系统中存在），也不会出错。如果同时使用 IPC_EXCL 标志可以创建一个新的唯一的信号量，此时如果该信号量已经存在，该函数会返回出错
函数返回值	成功：信号量标识符，在信号量的其他函数中都会使用该值
	出错：−1

表 4.13 所示为 semctl()函数的语法要点。

表 4.13   semctl()函数语法要点

所需头文件	#include <sys/types.h> #include <sys/ipc.h> #include <sys/sem.h>
函数原型	int semctl(int semid, int semnum, int cmd, union semun arg);
函数传入值	semid：semget()函数返回的信号量标识符
	semnum：信号量编号，当使用信号量集时才会被用到。通常取值为 0，就是使用单个信号量（也是第一个信号量）
	cmd：指定对信号量的各种操作，当使用单个信号量（而不是信号量集）时，常用的操作有以下几种。 IPC_STAT：获得该信号量（或者信号量集合）的 semid_ds 结构，并存放在由第四个参数 arg 结构变量的 buf 域指向的 semid_ds 结构中。semid_ds 是在系统中描述信号量的数据结构 IPC_SETVAL：将信号量值设置为 arg 的 val 值 IPC_GETVAL：返回信号量的当前值 IPC_RMID：从系统中，删除信号量（或者信号量集）

	arg：是 union semnn 结构，可能在某些系统中不给出该结构的定义，此时必须由程序员自己定义。
	union semun
	{
	    int val;
	    struct semid_ds *buf;
	    unsigned short *array;
	}

函数返回值	成功：根据 cmd 值的不同而返回不同的值 IPC_STAT、IPC_SETVAL、IPC_RMID：返回 0 IPC_GETVAL：返回信号量的当前值
	出错：−1

表 4.14 所示为 semop()函数的语法要点。

表 4.14　　　　　　　　　　　　　semop()函数语法要点

所需头文件	#include <sys/types.h> #include <sys/ipc.h> #include <sys/sem.h>
函数原型	int semop(int semid, struct sembuf *sops, size_t nsops)
函数传入值	semid：semget()函数返回的信号量标识符

	sops：指向信号量操作数组，一个数组包括以下成员。
	struct sembuf
	{
	　　short sem_num;　　/* 信号量编号，使用单个信号量时，通常取值为 0 */
	　　short sem_op;
	　　/* 信号量操作：取值为−1 则表示 P 操作，取值为+1 则表示 V 操作*/
	　　short sem_flg;
	　　/* 通常设置为 SEM_UNDO。这样在进程没释放信号量而退出时，系统自动
	　　释放该进程中未释放的信号量 */
	}

	nsops：操作数组 sops 中的操作个数（元素数目），通常取值为 1（一个操作）
函数返回值	成功：信号量标识符，在信号量的其他函数中都会使用该值
	出错：−1

因为信号量相关的函数调用接口比较复杂，可以将它们封装成二维单个信号量的几个基本函数。它们分别为信号量初始化函数（或者信号量赋值函数）init_sem()、P 操作函数 sem_p()、V 操作函数 sem_v()以及删除信号量的函数 del_sem()等，具体实现如下。

```
/* sem_com.c */
#include "sem_com.h"
/* 信号量初始化（赋值）函数*/

int init_sem(int sem_id, int init_value)
{
    union semun sem_union;
    sem_union.val = init_value;        /* init_value 为初始值 */
    if (semctl(sem_id, 0, SETVAL, sem_union) == -1)
    {
        perror("Initialize semaphore");
        return -1;
    }
    return 0;
}
/* 从系统中删除信号量的函数 */

int del_sem(int sem_id)
```

```
{
    union semun sem_union;
    if (semctl(sem_id, 0, IPC_RMID, sem_union) == -1)
    {
        perror("Delete semaphore");
        return -1;
    }
}
/* P 操作函数 */
int sem_p(int sem_id)
{
    struct sembuf sem_b;
    sem_b.sem_num = 0;              /* 单个信号量的编号应该为 0 */
    sem_b.sem_op = -1;             /* 表示 P 操作 */
    sem_b.sem_flg = SEM_UNDO;          /* 系统自动释放将会在系统中残留的信号量*/
    if (semop(sem_id, &sem_b, 1) == -1)
    {
        perror("P operation");
        return -1;
    }
    return 0;
}
/* V 操作函数*/
int sem_v(int sem_id)
{
    struct sembuf sem_b;
    sem_b.sem_num = 0; /* 单个信号量的编号应该为 0 */
    sem_b.sem_op = 1; /* 表示 V 操作 */
    sem_b.sem_flg = SEM_UNDO; /* 系统自动释放将会在系统中残留的信号量*/
    if (semop(sem_id, &sem_b, 1) == -1)
    {
        perror("V operation");
        return -1;
    }
    return 0;
}
```

以下示例说明信号量的概念以及基本用法。在示例程序中，首先创建一个子进程，接下来使用信号量来控制两个进程（父子进程）之间的执行顺序。

```
/* fork.c */
#include <sys/types.h>
#include <unistd.h>
#include <stdio.h>
#include <stdlib.h>
#include <sys/types.h>
#include <sys/ipc.h>
#include <sys/shm.h>
#define DELAY_TIME        3            /* 为了突出演示效果，等待几秒钟*/


int main(void)
{
    pid_t result;
    int sem_id;

    sem_id = semget(ftok(".", 'a'), 1, 0666|IPC_CREAT); /* 创建一个信号量*/
    init_sem(sem_id, 0);

    /*调用 fork()函数*/
    result = fork();
    if(result ==  -1)
    {
        perror("Fork\n");
    }
    else if (result == 0) /*返回值为 0 代表子进程*/
    {
        printf("Child process will wait for some seconds...\n");
        sleep(DELAY_TIME);
        printf("The returned value is %d in the child process(PID = %d)\n",
  result, getpid());
        sem_v(sem_id);
    }
    else /*返回值大于 0 代表父进程*/
    {
        sem_p(sem_id);
        printf("The returned value is %d in the father process(PID = %d)\n",
```

```
result, getpid());
    sem_v(sem_id);
    del_sem(sem_id);
    }
    exit(0);
}
```

读者可以先从该程序中删除信号量相关的代码部分并观察运行结果。

```
$ ./simple_fork
Child process will wait for some seconds… /*子进程在运行中*/
The returned value is 4185 in the father process(PID = 4184)/*父进程先结束*/
[…]$ The returned value is 0 in the child process(PID = 4185) /* 子进程后结束了*/
```

再添加信号量的控制部分并运行结果。

```
$ ./sem_fork
Child process will wait for some seconds…
                              /*子进程在运行中，父进程在等待子进程结束*/
The returned value is 0 in the child process(PID = 4185)        /* 子进程结束了*/
The returned value is 4185 in the father process(PID = 4184)   /* 父进程结束*/
```

本示例说明使用信号量怎么解决多进程之间存在的同步问题。在后面讲述的共享内存和消息队列的示例中，会看到使用信号量实现多进程之间的互斥。

4.5 共享内存

可以说，共享内存是一种最为高效的进程间通信方式。因为进程可以直接读写内存，不需要任何数据的复制。为了在多个进程间交换信息，内核专门留出一块内存区。这段内存区可以由需要访问的进程将其映射到自己的私有地址空间。因此，进程就可以直接读写这一内存区而不需要进行数据的复制，从而大大提高了效率。当然，由于多个进程共享一段内存，因此也需要依靠某种同步机制，如互斥锁和信号量等（请参考本章的共享内存实验）。其原理示意图如图4.6所示。

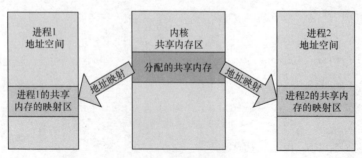

图 4.6 共享内存原理示意图

共享内存的实现分为两个步骤：第一步是创建共享内存，这里用到的函数是 shmget()，也就是从内存中获得一段共享内存区域；第二步映射共享内存，也就是把这段创建的共享内存映射到具体的进程空间中，这里使用的函数是 shmat()。到这里，就可以使用这段共享内存了，也就是可以使用不带缓冲的 I/O 读写命令对其进行操作。除此之外，当然还有撤销映射的操作，其函数为 shmdt()。这里主要介绍这 3 个函数。

表 4.15 所示为 shmget()函数的语法要点。

表 4.15　　　　　　　　　　　　shmget()函数语法要点

所需头文件	#include <sys/types.h> #include <sys/ipc.h> #include <sys/shm.h>	
函数原型	int shmget(key_t key, int size, int shmflg);	
函数传入值	key：共享内存的键值，多个进程可以通过它访问同一个共享内存，其中有个特殊值 IPC_PRIVATE。它用于创建当前进程的私有共享内存	
	size：共享内存区大小	
	shmflg：同 open()函数的权限位，也可以用八进制表示法	
函数返回值	成功：共享内存段标识符	
	出错：−1	

表 4.16 所示为 shmat()函数的语法要点。

表 4.16　　　　　　　　　　　　shmat()函数语法要点

所需头文件	#include <sys/types.h> #include <sys/ipc.h> #include <sys/shm.h>	
函数原型	char *shmat(int shmid, const void *shmaddr, int shmflg);	
函数传入值	shmid：要映射的共享内存区标识符	
	shmaddr：将共享内存映射到指定地址（若为 0 则表示系统自动分配地址并把该段共享内存映射到调用进程的地址空间）	
	shmflg	SHM_RDONLY：共享内存只读
		默认 0：共享内存可读写
函数返回值	成功：被映射的段地址	
	出错：−1	

表 4.17 所示为 shmdt()函数的语法要点。

表 4.17	shmdt()函数语法要点	
所需头文件	#include <sys/types.h> #include <sys/ipc.h> #include <sys/shm.h>	
函数原型	int shmdt(const void *shmaddr);	
函数传入值	shmaddr：被映射的共享内存段地址	
函数返回值	成功：0	
	出错：−1	

以下示例说明如何使用基本的共享内存函数。首先是创建一个共享内存区（采用的共享内存的键值为 IPC_PRIVATE，是因为本示例中创建的共享内存是父子进程之间的共用部分），之后创建子进程，在父子两个进程中将共享内存分别映射到各自的进程地址空间中。

父进程先等待用户输入，然后将用户输入的字符串写入共享内存，之后往共享内存的头部写入 WROTE 字符串表示父进程已成功写入数据。子进程一直等到共享内存的头部字符串为 WROTE，然后将共享内存的有效数据（在父进程中用户输入的字符串）在屏幕上打印。父子两个进程在完成以上工作之后，分别解除与共享内存的映射关系。

最后在子进程中删除共享内存。因为共享内存自身并不提供同步机制，所以应该额外实现不同进程之间的同步（如信号量）。为了简单起见，在本示例中用标志字符串来实现非常简单的父子进程之间的同步。

这里要介绍的一个命令是 ipcs，这是用于报告进程间通信机制状态的命令。它可以查看共享内存、消息队列等各种进程间通信机制的情况，这里使用了 system()函数用于调用 shell 命令 ipcs。程序源代码如下。

```c
/* shmem.c */
#include <sys/types.h>
#include <sys/ipc.h>
#include <sys/shm.h>
#include <stdio.h>
#include <stdlib.h>
#include <string.h>

#define BUFFER_SIZE 2048

int main()
```

```
{
    pid_t pid;

    int shmid;

    char *shm_addr;

    char flag[] = "WROTE";

    char buff[BUFFER_SIZE];


    /* 创建共享内存 */

    if ((shmid = shmget(IPC_PRIVATE, BUFFER_SIZE, 0666)) < 0)

    {

        perror("shmget");

        exit(1);

    }

    else

    {

        printf("Create shared-memory: %d\n",shmid);

    }


    /* 显示共享内存情况 */

    system("ipcs -m");


    pid = fork();

    if (pid == -1)

    {

        perror("fork");

        exit(1);

    }

    else if (pid == 0) /* 子进程处理 */

    {

        /*映射共享内存*/

        if ((shm_addr = shmat(shmid, 0, 0)) == (void*)-1)

        {

            perror("Child: shmat");

            exit(1);

        }

        else
```

```
{
    printf("Child: Attach shared-memory: %p\n", shm_addr);
}
system("ipcs -m");

/* 通过检查在共享内存的头部是否标志字符串 WROTE 来确认
   父进程已经向共享内存写入有效数据 */
while (strncmp(shm_addr, flag, strlen(flag)))
{
    printf("Child: Wait for enable data...\n");
    sleep(5);
}


/* 获取共享内存的有效数据并显示 */
strcpy(buff, shm_addr + strlen(flag));
printf("Child: Shared-memory :%s\n", buff);

/* 解除共享内存映射 */
if ((shmdt(shm_addr)) < 0)
{
    perror("shmdt");
    exit(1);
}
else
{
    printf("Child: Deattach shared-memory\n");
}
system("ipcs -m");

/* 删除共享内存 */
if (shmctl(shmid, IPC_RMID, NULL) == -1)
{
    perror("Child: shmctl(IPC_RMID)\n");
    exit(1); .
}
else
```

```
    {
        printf("Delete shared-memory\n");
    }


    system("ipcs -m");
}
else /* 父进程处理 */
{
    /*映射共享内存*/
    if ((shm_addr = shmat(shmid, 0, 0)) == (void*)-1)
    {
        perror("Parent: shmat");
        exit(1);
    }
    else
    {
        printf("Parent: Attach shared-memory: %p\n", shm_addr);
    }


    sleep(1);
    printf("\nInput some string:\n");
    fgets(buff, BUFFER_SIZE, stdin);
    strncpy(shm_addr + strlen(flag), buff, strlen(buff));
    strncpy(shm_addr, flag, strlen(flag));

    /* 解除共享内存映射 */
    if ((shmdt(shm_addr)) < 0)
    {
        perror("Parent: shmdt");
        exit(1);
    }
    else
    {
        printf("Parent: Deattach shared-memory\n");
    }
    system("ipcs -m");
```

```
        waitpid(pid, NULL, 0);
        printf("Finished\n");
    }


    exit(0);
}
```

运行结果如下。

```
$ ./shmem
Create shared-memory: 753665
/* 在刚创建共享内存时（尚未有任何地址映射）共享内存的情况 */
------ Shared Memory Segments --------
key         shmid     owner     perms     bytes     nattch     status
0x00000000 753665     david     666       2048      0


Child: Attach shared-memory: 0xb7f59000 /* 共享内存的映射地址 */
Parent: Attach shared-memory: 0xb7f59000
/* 在父子进程中进行共享内存的地址映射之后共享内存的情况*/
------ Shared Memory Segments --------
key         shmid     owner     perms     bytes     nattch     status
0x00000000 753665     david     666       2048      2


Child: Wait for enable data...


Input some string:
Hello /* 用户输入字符串 Hello */
Parent: Deattach shared-memory
/* 在父进程中解除共享内存的映射关系之后共享内存的情况 */
------ Shared Memory Segments --------
key         shmid     owner     perms     bytes     nattch     status
0x00000000 753665     david     666       2048      1
/*在子进程中读取共享内存的有效数据并打印*/
Child: Shared-memory :hello


Child: Deattach shared-memory
/* 在子进程中解除共享内存的映射关系之后共享内存的情况 */
```

```
------ Shared Memory Segments --------
key        shmid      owner       perms      bytes      nattch     status
0x00000000 753665     david       666        2048       0


Delete shared-memory
/* 在删除共享内存之后共享内存的情况 */
------ Shared Memory Segments --------
key        shmid      owner       perms      bytes      nattch     status


Finished
```

从该结果可以看出，nattch 的值随着共享内存状态的变化而变化，共享内存的值根据不同的系统会有所不同。

4.6 消息队列

顾名思义，消息队列就是一些消息的列表。用户可以在消息队列中添加消息和读取消息等。从这点上看，消息队列具有一定的 FIFO 特性，但是它可以实现消息的随机查询，比 FIFO 具有更大的优势。同时，这些消息又存在于内核中，由"队列 ID"来标识。

消息队列的实现包括创建或打开消息队列、添加消息、读取消息和控制消息队列这四种操作。其中创建或打开消息队列使用的函数是 msgget()，这里创建的消息队列的数量会受到系统消息队列数量的限制；添加消息使用的函数是 msgsnd()，它把消息添加到已打开的消息队列末尾；读取消息使用的函数是 msgrcv()，它把消息从消息队列中取走，与 FIFO 不同的是，这里可以取走指定的某一条消息；最后控制消息队列使用的函数是 msgctl()，它可以完成多项功能。

表 4.18 所示为 msgget()函数的语法要点。

表 4.18 msgget()函数语法要点

所需头文件	#include <sys/types.h> #include <sys/ipc.h> #include <sys/shm.h>
函数原型	int msgget(key_t key, int msgflg)
函数传入值	key：消息队列的键值，多个进程可以通过它访问同一个消息队列，其中有个特殊值 IPC_PRIVATE。它用于创建当前进程的私有消息队列
	msgflg：权限标志位
函数返回值	成功：消息队列 ID
	出错：−1

107

表 4.19 所示为 msgsnd() 函数的语法要点。

表 4.19   msgsnd()函数语法要点

所需头文件	#include <sys/types.h> #include <sys/ipc.h> #include <sys/shm.h>	
函数原型	int msgsnd(int msqid, const void *msgp, size_t msgsz, int msgflg);	
函数传入值	msqid：消息队列的队列 ID	

	msgp：指向消息结构的指针。该消息结构 msgbuf 通常为：
	struct msgbuf
	{
	    long mtype; /* 消息类型，该结构必须从这个域开始 */
	    char mtext[1]; /* 消息正文 */
	}	

	msgsz：消息正文的字节数（不包括消息类型指针变量）	
	msgflg：	IPC_NOWAIT 若消息无法立即发送（比如：当前消息队列已满），函数会立即返回
		0：msgsnd 调用阻塞直到发送成功为止
函数返回值	成功：0	
	出错：−1	

表 4.20 所示为 msgrcv() 函数的语法要点。

表 4.20   msgrcv()函数语法要点

所需头文件	#include <sys/types.h> #include <sys/ipc.h> #include <sys/shm.h>	
函数原型	int msgrcv(int msqid, void *msgp, size_t msgsz, long int msgtyp, int msgflg);	
函数传入值	msqid：消息队列的队列 ID	
	msgp：消息缓冲区，同于 msgsnd()函数的 msgp	
	msgsz：消息正文的字节数（不包括消息类型指针变量）	
	msgtyp	0：接收消息队列中第一个消息
		大于 0：接收消息队列中第一个类型为 msgtyp 的消息
		小于 0：接收消息队列中第一个类型值不小于 msgtyp 绝对值且类型值又最小的消息
	msgflg	MSG_NOERROR：若返回的消息比 msgsz 字节多，则消息就会截短到 msgsz 字节，且不通知消息发送进程
		IPC_NOWAIT：若在消息队列中并没有相应类型的消息可以接收，则函数立即返回
		0：msgsnd()调用阻塞直到接收一条相应类型的消息为止
函数返回值	成功：0	
	出错：−1	

表 4.21 所示为 msgctl()函数的语法要点。

表 4.21 msgctl()函数语法要点

所需头文件	#include <sys/types.h> #include <sys/ipc.h> #include <sys/shm.h>		
函数原型	int msgctl (int msqid, int cmd, struct msqid_ds *buf);		
函数传入值	msqid：消息队列的队列 ID		
	cmd 命令参数	IPC_STAT：读取消息队列的数据结构 msqid_ds，并将其存储在 buf 指定的地址中	
		IPC_SET：设置消息队列的数据结构 msqid_ds 中的 ipc_perm 域(IPC 操作权限描述结构) 值。这个值取自 buf 参数	
		IPC_RMID：从系统内核中删除消息队列	
	buf：描述消息队列的 msqid_ds 结构类型变量		
函数返回值	成功：0		
	出错：−1		

下面的示例体现了如何使用消息队列进行两个进程（发送端和接收端）之间的通信，包括消息队列的创建、消息发送与读取、消息队列的撤销和删除等多种操作。

消息发送端进程和消息接收端进程之间不需要额外实现进程之间的同步。在该示例中，发送端发送的消息类型设置为该进程的进程号（可以取其他值），因此接收端根据消息类型确定消息发送者的进程号。注意这里使用了函数 ftok()，它可以根据不同的路径和关键字产生标准的 key。消息队列发送端的代码如下。

```c
/* msgsnd.c */
#include <sys/types.h>
#include <sys/ipc.h>
#include <sys/msg.h>
#include <stdio.h>
#include <stdlib.h>
#include <unistd.h>
#include <string.h>
#define  BUFFER_SIZE     512

struct message
{
    long msg_type;
    char msg_text[BUFFER_SIZE];
};
```

```
int main()
{
    int qid;
    key_t key;
    struct message msg;

    /*根据不同的路径和关键字产生标准的 key*/
    if ((key = ftok(".", 'a')) == -1)
    {
        perror("ftok");
        exit(1);
    }
    /*创建消息队列*/
    if ((qid = msgget(key, IPC_CREAT|0666)) == -1)
    {
        perror("msgget");
        exit(1);
    }
    printf("Open queue %d\n",qid);
    while(1)
    {
        printf("Enter some message to the queue:");
        if ((fgets(msg.msg_text, BUFFER_SIZE, stdin)) == NULL)
        {
            puts("no message");
            exit(1);
        }

        msg.msg_type = getpid();
        /*添加消息到消息队列*/
        if ((msgsnd(qid, &msg, strlen(msg.msg_text), 0)) < 0)
        {
            perror("message posted");
            exit(1);
        }
        if (strncmp(msg.msg_text, "quit", 4) == 0)
```

```
    {
        break;
    }
    }
    exit(0);
}
```

消息队列接收端的代码如下。

```c
/* msgrcv.c */
#include <sys/types.h>
#include <sys/ipc.h>
#include <sys/msg.h>
#include <stdio.h>
#include <stdlib.h>
#include <unistd.h>
#include <string.h>
#define  BUFFER_SIZE        512

struct message
{
    long msg_type;
    char msg_text[BUFFER_SIZE];
};
int main()
{
    int qid;
    key_t key;
    struct message msg;

    /*根据不同的路径和关键字产生标准的 key*/
    if ((key = ftok(".", 'a')) == -1)
    {
        perror("ftok");
        exit(1);
    }
    /*创建消息队列*/
    if ((qid = msgget(key, IPC_CREAT|0666)) == -1
```

```
{
    perror("msgget");
    exit(1);
}
printf("Open queue %d\n", qid);
do
{
    /*读取消息队列*/
    memset(msg.msg_text, 0, BUFFER_SIZE);
    if (msgrcv(qid, (void*)&msg, BUFFER_SIZE, 0, 0) < 0)
    {
        perror("msgrcv");
        exit(1);
    }
    printf("The message from process %d : %s",
msg.msg_type, msg.msg_text);

} while(strncmp(msg.msg_text, "quit", 4));
    /*从系统内核中移走消息队列 */
if ((msgctl(qid, IPC_RMID, NULL)) < 0)
{
    perror("msgctl");
    exit(1);
}
exit(0);
}
```

以下是程序的运行结果。输入 quit 则两个进程都将结束。

```
$ ./msgsnd
Open queue 327680
Enter some message to the queue:first message
Enter some message to the queue:second message
Enter some message to the queue:quit
$ ./msgrcv
Open queue 327680
The message from process 6072 : first message
The message from process 6072 : second message
The message from process 6072 : quit
```

4.7　实验内容

4.7.1　有名管道通信实验

1. 实验目的

通过编写有名管道多路通信实验，读者可进一步掌握管道的创建、读写等操作，同时，也复习使用 select()函数实现管道的通信。

2. 实验内容

读者还记得第 5 章多路复用小节中的例子吗？其实，在那个实验中，我们都用到有名管道（使用 mknod 命令创建）和多路复用（使用 poll()函数）。以下实验在功能上跟这个实验完全相同，这里只是用管道函数创建有名管道（并不是在控制台下输入命令），而且使用 select()函数替代 poll()函数实现多路复用（使用 select()函数是以演示为目的）。

3. 实验步骤

（1）画出流程图。

该实验流程图如图 4.7 所示。

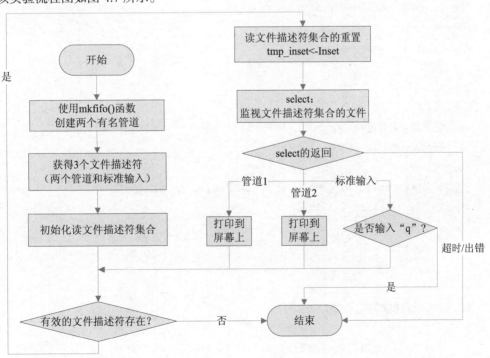

图 4.7　实验流程图

（2）编写代码。

该实验源代码如下。

```c
/* pipe_select.c*/
#include <fcntl.h>
#include <stdio.h>
#include <unistd.h>
#include <stdlib.h>
#include <string.h>
#include <time.h>
#include <errno.h>

#define FIFO1                   "in1"
#define FIFO2                   "in2"
#define MAX_BUFFER_SIZE         1024        /* 缓冲区大小*/
#define IN_FILES                3           /* 多路复用输入文件数目*/
#define TIME_DELAY              60          /* 超时值秒数 */
#define MAX(a, b)               ((a > b)?(a):(b))

int main(void)
{
    int fds[IN_FILES];
    char buf[MAX_BUFFER_SIZE];
    int i, res, real_read, maxfd;
    struct timeval tv;
    fd_set inset,tmp_inset;

    fds[0] = 0;

    /* 创建两个有名管道 */
    if (access(FIFO1, F_OK) == -1)
    {
        if ((mkfifo(FIFO1, 0666) < 0) && (errno != EEXIST))
        {
            printf("Cannot create fifo file\n");
            exit(1);
        }
    }
    if (access(FIFO2, F_OK) == -1)
    {
        if ((mkfifo(FIFO2, 0666) < 0) && (errno != EEXIST))
        {
```

```
            printf("Cannot create fifo file\n");
            exit(1);
    }
}

/* 以只读非阻塞方式打开两个管道文件 */
if((fds[1] = open (FIFO1, O_RDONLY|O_NONBLOCK)) < 0)
{
    printf("Open in1 error\n");
    return 1;
}
if((fds[2] = open (FIFO2, O_RDONLY|O_NONBLOCK)) < 0)
{
    printf("Open in2 error\n");
    return 1;
}


/*取出两个文件描述符中的较大者*/
maxfd = MAX(MAX(fds[0], fds[1]), fds[2]);
/*初始化读集合 inset，并在读文件描述符集合中加入相应的描述集*/
FD_ZERO(&inset);
for (i = 0; i < IN_FILES; i++)
{
    FD_SET(fds[i], &inset);
}
FD_SET(0, &inset);


tv.tv_sec = TIME_DELAY;
tv.tv_usec = 0;
/*循环测试该文件描述符是否准备就绪并调用 select()函数对相关文件描述符做相应操作*/
while(FD_ISSET(fds[0],&inset)
        || FD_ISSET(fds[1],&inset) || FD_ISSET(fds[2], &inset))
{
    /* 文件描述符集合的备份，免得每次进行初始化 */
    tmp_inset = inset;
    res = select(maxfd + 1, &tmp_inset, NULL, NULL, &tv);
    switch(res)
    {
        case -1:
        {
            printf("Select error\n");
```

```
            return 1;
        }
        break;
        case 0: /* Timeout */
        {
            printf("Time out\n");
            return 1;
        }
        break;
        default:
        {
            for (i = 0; i < IN_FILES; i++)
            {
                if (FD_ISSET(fds[i], &tmp_inset))
                {
                    memset(buf, 0, MAX_BUFFER_SIZE);
                    real_read = read(fds[i], buf, MAX_BUFFER_SIZE);
                    if (real_read < 0)
                    {
                        if (errno != EAGAIN)
                        {
                            return 1;
                        }
                    }
                    else if (!real_read)
                    {
                        close(fds[i]);
                        FD_CLR(fds[i], &inset);
                    }
                    else
                    {
                        if (i == 0)
                        { /* 主程序终端控制 */
                            if ((buf[0] == 'q') || (buf[0] == 'Q'))
                            {
                                return 1;
                            }
                        }
                        else
                        { /* 显示管道输入字符串 */
                            buf[real_read] = '\0';
```

```
                              printf("%s", buf);
                        }
                  }
            } /* end of if */
         } /* end of for */
      }
      break;
   } /* end of switch */
} /*end of while */
return 0;
}
```

（3）编译并运行该程序。

（4）另外打开两个虚拟终端，分别输入"cat > in1"和"cat > in2"，接着在该管道中输入相关内容，并观察实验结果。

4．实验结果

实验运行结果与第 5 章的例子完全相同。

```
$ ./pipe_select（必须先运行主程序）
SELECT CALL
select call
TEST PROGRAMME
test programme
END
end
q /* 在终端上输入'q'或'Q'立刻结束程序运行 */

$ cat > in1
SELECT CALL
TEST PROGRAMME
END

$ cat > in2
select call
test programme
end
```

4.7.2　共享内存实验

1．实验目的

通过编写共享内存实验，读者可以进一步了解使用共享内存的具体步骤，同时也进一步加深对共享内存的理解。在本实验中,采用信号量作为同步机制完善两个进程("生产者"和"消费者")之间的通信。其功能类似于"消息队列"小节中的示例。在示例中使用信号量同步机制。

2. 实验内容

该实现要求利用共享内存实现文件的打开和读写操作。

3. 实验步骤

(1)画出流程图。

该实验流程图如图 4.8 所示。

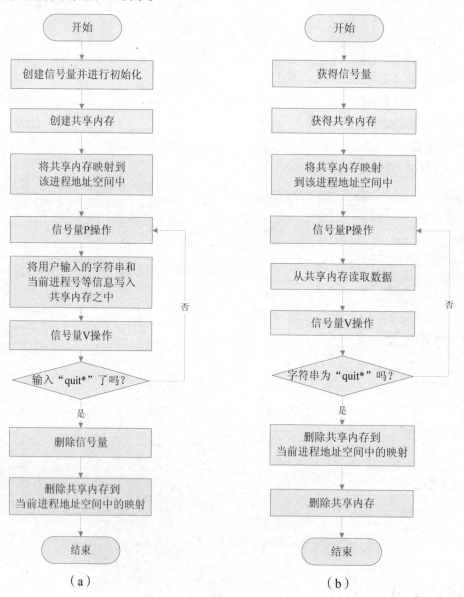

图 4.8 实验流程图

(2)编写代码。

共享内存缓冲区的数据结构的定义如下。

```c
/* shm_com.h */
#include <unistd.h>
#include <stdlib.h>
#include <stdio.h>
#include <string.h>
#include <sys/types.h>
#include <sys/ipc.h>
#include <sys/shm.h>
#define SHM_BUFF_SZ 2048
struct shm_buff
{
    int pid;
    char buffer[SHM_BUFF_SZ];
};
```

"生产者"程序部分如下。

```c
/* sem_com.h 和 sem_com.c 与 "信号量" 小节示例中的同名程序相同 */
/* producer.c */
#include "shm_com.h"
#include "sem_com.h"
#include <signal.h>
int ignore_signal(void)
{ /* 忽略一些信号，免得非法退出程序 */
    signal(SIGINT, SIG_IGN);
    signal(SIGSTOP, SIG_IGN);
    signal(SIGQUIT, SIG_IGN);
    return 0;
}

int main()
{
    void *shared_memory = NULL;
    struct shm_buff *shm_buff_inst;
    char buffer[BUFSIZ];
    int shmid, semid;
    /* 定义信号量，用于实现访问共享内存的进程之间的互斥*/
      ignore_signal(); /* 防止程序非正常退出 */
    semid = semget(ftok(".", 'a'), 1, 0666|IPC_CREAT); /* 创建一个信号量*/
    init_sem(semid);/* 初始值为 1 */
```

```c
/* 创建共享内存 */
shmid = shmget(ftok(".", 'b'), sizeof(struct shm_buff), 0666|IPC_CREAT);
if (shmid == -1)
{
    perror("shmget failed");
    del_sem(semid);
    exit(1);
}

/* 将共享内存地址映射到当前进程地址空间 */
shared_memory = shmat(shmid, (void*)0, 0);
if (shared_memory == (void*)-1)
{
    perror("shmat");
    del_sem(semid);
    exit(1);
}
printf("Memory attached at %X\n", (int)shared_memory);
/* 获得共享内存的映射地址 */
shm_buff_inst = (struct shared_use_st *)shared_memory;
do
{
    sem_p(semid);
    printf("Enter some text to the shared memory(enter 'quit' to exit):");
    /* 向共享内存写入数据 */
    if (fgets(shm_buff_inst->buffer, SHM_BUFF_SZ, stdin) == NULL)
    {
        perror("fgets");
        sem_v(semid);
        break;
    }
    shm_buff_inst->pid = getpid();
    sem_v(semid);
} while(strncmp(shm_buff_inst->buffer, "quit", 4) != 0);

/* 删除信号量 */
del_sem(semid);
/* 删除共享内存到当前进程地址空间中的映射 */
if (shmdt(shared_memory) == 1)
```

```
    {
        perror("shmdt");
        exit(1);
    }
    exit(0);
}
```

"消费者"程序部分如下。

```
/* customer.c */
#include "shm_com.h"
#include "sem_com.h"

int main()
{
    void *shared_memory = NULL;
    struct shm_buff *shm_buff_inst;
    int shmid, semid;
    /* 获得信号量 */
    semid = semget(ftok(".", 'a'), 1, 0666);
    if (semid == -1)
    {
        perror("Producer is'nt exist");
        exit(1);
    }
    /* 获得共享内存 */
    shmid = shmget(ftok(".", 'b'), sizeof(struct shm_buff), 0666|IPC_CREAT);
    if (shmid == -1)
    {
        perror("shmget");
        exit(1);
    }
    /* 将共享内存地址映射到当前进程地址空间 */
    shared_memory = shmat(shmid, (void*)0, 0);
    if (shared_memory == (void*)-1)
    {
        perror("shmat");
        exit(1);
```

```
    }
    printf("Memory attached at %X\n", (int)shared_memory);
    /* 获得共享内存的映射地址 */
    shm_buff_inst = (struct shm_buff *)shared_memory;
    do
    {
        sem_p(semid);
        printf("Shared memory was written by process %d :%s"
                        , shm_buff_inst->pid, shm_buff_inst->buffer);
        if (strncmp(shm_buff_inst->buffer, "quit", 4) == 0)
        {
            break;
        }
        shm_buff_inst->pid = 0;
        memset(shm_buff_inst->buffer, 0, SHM_BUFF_SZ);
        sem_v(semid);
    } while(1);

    /* 删除共享内存到当前进程地址空间中的映射 */
    if (shmdt(shared_memory) == -1)
    {
        perror("shmdt");
        exit(1);
    }
    /* 删除共享内存 */
    if (shmctl(shmid, IPC_RMID, NULL) == -1)
    {
        perror("shmctl(IPC_RMID)");
        exit(1);
    }
    exit(0);
}
```

4. 实验结果

实验结果如下。

```
$ ./producer
Memory attached at B7F90000
```

```
Enter some text to the shared memory(enter 'quit' to exit):First message
Enter some text to the shared memory(enter 'quit' to exit):Second message
Enter some text to the shared memory(enter 'quit' to exit):quit
$./customer
Memory attached at B7FAF000
Shared memory was written by process 3815 :First message
Shared memory was written by process 3815 :Second message
Shared memory was written by process 3815 :quit
```

小结

　　进程之间通信是嵌入式 Linux 应用开发中很重要的高级议题，本章讲解管道、信号、信号量、共享内存以及消息队列等常用的通信机制，并添加了经典示例代码。

　　其中，管道通信又分为有名管道和无名管道。信号通信中要着重掌握如何对信号进行适当的处理，如采用信号集等方式。

　　信号量是用于实现进程之间的同步和互斥的进程间通信机制。

　　消息队列和共享内存也是很好的进程间通信的手段，其中消息队列解决使用管道时出现的一些问题；共享内存具有很高的效率，并经常以信号量作为同步机制。

　　本章的最后安排了管道通信实验和共享内存的实验，希望读者认真去完成。

思考与练习

1. 进程之间通信方式有哪些？它们分别有哪些特点、优点和缺点？
2. 通过自定义信号完成进程间的通信。
3. 编写一个简单的管道程序实现文件传输。

第5章

Linux 多线程编程

为了进一步减少处理器的空转时间，支持多处理器以及减少上下文切换开销，进程在演化中出现了另一个概念——线程。它是进程内独立的一条运行路线，是内核调度的最小单元，也被称为轻量级进程。线程由于高效性和可操作性，在嵌入式系统开发中运用得非常广泛，希望读者能够很好地掌握。

本章主要内容：

- 线程基本编程；
- 多线程之间的同步与互斥；
- 线程属性。

5.1　线程基本编程

这里要讲的线程相关操作都是用户空间中的线程操作。在 Linux 中，pthread 是一个遵循 POSIX 标准的通用的线程库，具有良好的可移植性。

创建线程时要指定线程的执行函数，通常使用函数 pthread_create 来创建线程。线程创建之后，就开始执行相应的线程函数。在该函数运行完之后，线程结束。

退出线程的方法是使用函数 pthread_exit，这是线程的主动行为。需要注意的是，在使用线程函数时，不能使用 exit 函数退出。exit 函数的作用是使当前进程终止。通常一个进程包含多个线程，如果调用了 exit 函数，该进程中的所有线程都会结束。因此，在线程中要使用 pthread_exit 函数代替 exit 函数结束当前线程。

进程之间可以用 wait() 函数来等待回收子进程，线程之间也有类似机制，那就是 pthread_join() 函数。这个函数是一个线程阻塞的函数，调用它的函数将一直等待到指定的线程结束为止。当函数返回时，表明可以释放已结束线程的相关资源。

前面提到线程可以调用 pthread_exit() 函数主动结束。在某些应用中，经常需要在一个线程中去终止另一个线程的，可以通过 pthread_cancel() 函数实现这种功能。当然，在被取消的线程的内部需要先调用 pthread_setcancel() 函数和 pthread_setcanceltype() 函数设置相应的取消状态。

表 5.1 所示为 pthread_create() 函数的语法要点。

表 5.1　　　　　　　　　　　pthread_create() 函数语法要点

所需头文件	#include <pthread.h>
函数原型	int pthread_create (pthread_t *thread, pthread_attr_t *attr, void *(*start_routine)(void *), void *arg);
函数传入值	thread：线程标识符
	attr：线程属性设置（其具体设置参见 5.4.3 小节），NULL 表示缺省属性
	start_routine：线程执行函数，参数和返回值都为 void *
	arg：传递给 start_routine 的参数
函数返回值	成功：0
	出错：返回错误码

表 5.2 所示为 pthread_exit() 函数的语法要点。

表 5.2　　　　　　　　　　　pthread_exit() 函数语法要点

所需头文件	#include <pthread.h>
函数原型	void pthread_exit (void *retval);
函数传入值	retval：线程结束时的返回值，可通过 pthread_join 函数来接收

表 5.3 所示为 pthread_join()函数的语法要点。

表 5.3　　　　　　　　　　　pthread_join()函数语法要点

所需头文件	#include <pthread.h>	
函数原型	int pthread_join (pthread_t thread, void **thread_result) ;	
函数传入值	thread：等待线程的标识符	
	thread_result：用户定义的指针，用来接收被等待线程结束时的返回值（不为 NULL 时）	
函数返回值	成功：0	
	出错：返回错误码	

表 5.4 所示为 pthread_cancel()函数的语法要点。

表 5.4　　　　　　　　　　　pthread_cancel()函数语法要点

所需头文件	#include <pthread.h>
函数原型	int pthread_cancel((pthread_t thread);
函数传入值	thread：要取消的线程的标识符
函数返回值	成功：0
	出错：返回错误码

　　以下示例中创建了 3 个线程，为了更好地理解线程之间的并行执行，让 3 个线程执行同一个执行函数。每个线程执行 5 次循环（可以看成 5 个小任务），每次循环之间会随机等待 1～6s 的时间，意义在于模拟每个任务的完成时间是随机的。

```c
/* thread.c */
#include <stdio.h>
#include <stdlib.h>
#include <pthread.h>
#define THREAD_NUM        3              /*线程数*/
#define REPEAT_NUM        5              /*每个线程中的循环次数*/
#define DELAY_TIME_LEVELS 6.0            /*循环之间的最大时间间隔*/

void *thrd_func(void *arg)
{ /* 线程函数例程 */
    int thrd_num = (int)arg;
    int delay_time = 0;
    int count = 0;
```

```
    printf("Thread %d is starting\n", thrd_num);
    for (count=0; count<REPEAT_NUM; count++)
    {
        delay_time = (int)(rand() * DELAY_TIME_LEVELS/(RAND_MAX)) + 1;
        sleep(delay_time);
        printf("\tThread %d: job %d delay = %d\n",
                            thrd_num, count, delay_time);
    }
    printf("Thread %d finished\n", thrd_num);
    pthread_exit(NULL);
}


int main(void)
{
    pthread_t thread[THREAD_NUM];
    int no = 0, res;
    void * thrd_ret;

    srand(time(NULL));

    for (no=0; no<THREAD_NUM; no++)
    {
        /* 创建多线程 */
        res = pthread_create(&thread[no], NULL, thrd_func, (void*)no);
        if (res != 0)
        {
            printf("Create thread %d failed\n", no);
            exit(res);
        }
    }
    printf("Create treads success\n Waiting for threads to finish...\n");
    for (no=0; no<THREAD_NUM; no++)
    {
        /* 等待线程结束 */
        res = pthread_join(thread[no], &thrd_ret);
```

```
        if (!res)
        {
            printf("Thread %d joined\n", no);
        }
        else
        {
            printf("Thread %d join failed\n", no);
        }
    }

    return 0;
}
```

程序运行结果如下。

```
$ ./thread
Create treads success
Waiting for threads to finish...
Thread 0 is starting
Thread 1 is starting
Thread 2 is starting
        Thread 1: job 0 delay = 3
        Thread 2: job 0 delay = 1
        Thread 0: job 0 delay = 5
        Thread 1: job 1 delay = 6
        Thread 2: job 1 delay = 3
        Thread 0: job 1 delay = 4
        Thread 2: job 2 delay = 2
        Thread 0: job 2 delay = 3
        Thread 2: job 3 delay = 3
        Thread 2: job 4 delay = 1
Thread 2 finished
        Thread 1: job 2 delay = 5
        Thread 1: job 3 delay = 4
        Thread 1: job 4 delay = 1
Thread 1 finished
        Thread 0: job 3 delay = 6
        Thread 0: job 4 delay = 2
```

```
Thread 0 finished
Thread 0 joined
Thread 1 joined
Thread 2 joined
```

可以看出每个线程的运行和结束是无序、独立与并行的。

5.2 线程之间的同步与互斥

由于线程共享进程的资源和地址空间，因此在对这些资源进行操作时，必须考虑到线程间资源访问的同步与互斥问题。下面介绍 POSIX 中线程的同步和互斥机制：互斥锁和信号量。

5.2.1 互斥锁线程控制

互斥锁通过简单的加锁方法来保证对共享资源的原子操作。互斥锁只有两种状态：上锁和解锁，可以把互斥锁看成某种意义上的全局变量。在同一时刻只能有一个线程持有某个互斥锁，拥有互斥锁的线程能够对共享资源进行操作。若线程对一个已经被上锁的互斥锁加锁时，该线程就会睡眠，直到其他线程释放掉互斥锁为止。可以说，这把互斥锁保证让每个线程对共享资源按顺序进行原子操作。

互斥锁机制的基本函数如下。

（1）互斥锁初始化：pthread_mutex_init()。

（2）互斥锁上锁：pthread_mutex_lock()。

（3）互斥锁判断上锁：pthread_mutex_trylock()。

（4）互斥锁接锁：pthread_mutex_unlock()。

（5）消除互斥锁：pthread_mutex_destroy()。

表 5.5 所示为 pthread_mutex_init()函数的语法要点。

表 5.5   pthread_mutex_init()函数语法要点

所需头文件	#include <pthread.h>
函数原型	int pthread_mutex_init(pthread_mutex_t *mutex, const pthread_mutexattr_t *mutexattr);
函数传入值	mutex：互斥锁
	Mutexattr：互斥锁属性，NULL 表示缺省属性
函数返回值	成功：0
	出错：返回错误码

表 5.6 所示为 pthread_mutex_lock()等函数的语法要点。

表 5.6   pthread_mutex_lock()等函数语法要点

所需头文件	#include <pthread.h>

函数原型	int pthread_mutex_lock(pthread_mutex_t *mutex); // 加锁，若不成功阻塞
	int pthread_mutex_trylock(pthread_mutex_t *mutex); // 加锁，若不成功返回
	int pthread_mutex_unlock(pthread_mutex_t *mutex); // 解锁
	int pthread_mutex_destroy(pthread_mutex_t *mutex); // 删除互斥锁

函数传入值	mutex：互斥锁
函数返回值	成功：0
	出错：−1

5.2.2　信号量线程控制

在前面已经讲到，信号量也就是操作系统中所用到的 PV 原子操作，它广泛用于进程或线程间的同步与互斥。信号量本质上是一个非负的整数计数器，它被用来控制对公共资源的访问。

PV 原子操作主要用于进程或线程间的同步和互斥这两种典型情况。若用于互斥，几个进程（或线程）往往只设置一个信号量 sem，它们的操作流程如图 5.1 所示。

当信号量用于同步操作时，往往会设置多个信号量，并安排不同的初始值来实现它们之间的顺序执行，它们的操作流程如图 5.2 所示。

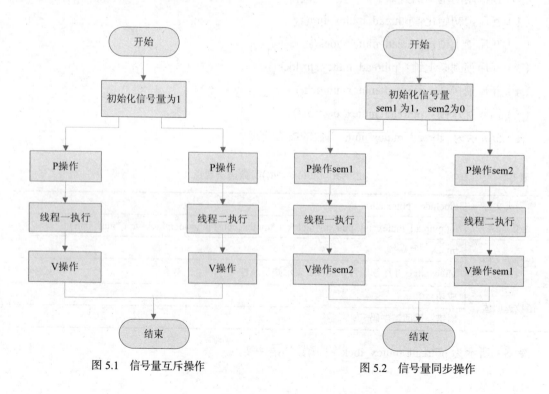

图 5.1　信号量互斥操作　　　　　　　　　图 5.2　信号量同步操作

Linux 实现了 POSIX 的无名信号量，主要用于线程间的互斥与同步。这里主要介绍几个常见函数。

（1）sem_init()用于初始化信号量。

（2）sem_wait()和 sem_trywait()都相当于 P 操作，在信号量大于零时它们都能将信号量的值减 1。两者的区别在于若信号量的值为零时，sem_wait()将会阻塞线程，而 sem_trywait()则会立即返回。

（3）sem_post()相当于 V 操作，它将信号量的值加 1 同时唤醒等待的线程。

（4）sem_getvalue()用于获取信号量的值。

（5）sem_destroy()用于删除信号量。

表 5.7 所示为 sem_init()函数的语法要点。

表 5.7   sem_init()函数语法要点

所需头文件	#include <semaphore.h>
函数原型	int sem_init(sem_t *sem,int pshared,unsigned int value);
函数传入值	sem：信号量对象
	pshared：决定信号量能否在进程间共享。由于目前 Linux 还没有实现进程间共享信号量，所以这个值只能够取 0，就表示信号量用于进程内部的线程间
	value：信号量初始化值
函数返回值	成功：0
	出错：−1

表 5.8 所示为 sem_wait()等函数的语法要点。

表 5.8   sem_wait()等函数语法要点

所需头文件	#include <pthread.h>
函数原型	int sem_wait(sem_t *sem); // 获取信号量，若不成功则阻塞
	int sem_trywait(sem_t *sem) ; // 获取信号量，若不成功立即返回
	int sem_post(sem_t *sem); // 释放信号量
	int sem_getvalue(sem_t *sem); // 获取信号量的值
	int sem_destroy(sem_t *sem); // 删除信号量
函数传入值	sem：信号量对象
函数返回值	成功：0
	出错：−1

嵌入式应用程序设计综合教程

下面的示例是在 5.1.1 小节示例代码的基础上增加互斥锁功能，实现原本独立与无序的多个线程能够按顺序执行。

```c
/*thread_mutex.c*/
#include <stdio.h>
#include <stdlib.h>
#include <pthread.h>

#define THREAD_NUM        3          /* 线程数 */
#define REPEAT_NUM        3          /* 每个线程循环次数 */
#define DELAY_TIME_LEVELS 6.0        /*循环之间的最大时间间隔*/
pthread_mutex_t mutex;


void *thrd_func(void *arg)
{
    int thrd_num = (int)arg;
    int delay_time = 0, count = 0;
    int res;
    /* 互斥锁上锁 */
    res = pthread_mutex_lock(&mutex);
    if (res)
    {
        printf("Thread %d lock failed\n", thrd_num);
        pthread_exit(NULL);
    }
    printf("Thread %d is starting\n", thrd_num);
    for (count=0; count<REPEAT_NUM; count++)
    {
        delay_time = (int)(rand() * DELAY_TIME_LEVELS/(RAND_MAX)) + 1;
        sleep(delay_time);
        printf("\tThread %d: job %d delay = %d\n",
                                    thrd_num, count, delay_time);
    }
    printf("Thread %d finished\n", thrd_num);
    /* 互斥锁解锁 */
    pthread_mutex_unlock(&mutex);
```

132

```
        pthread_exit(NULL);
}


int main(void)
{
    pthread_t thread[THREAD_NUM];
    int no = 0, res;
    void * thrd_ret;

    srand(time(NULL));
    /* 互斥锁初始化 */
    pthread_mutex_init(&mutex, NULL);
    for (no=0; no<THREAD_NUM; no++)
    {
        res = pthread_create(&thread[no], NULL, thrd_func, (void*)no);
        if (res != 0)
        {
            printf("Create thread %d failed\n", no);
            exit(res);
        }
    }
    printf("Create treads success\n Waiting for threads to finish...\n");
    for (no=0; no<THREAD_NUM; no++)
    {
        res = pthread_join(thread[no], &thrd_ret);
        if (!res)
        {
            printf("Thread %d joined\n", no);
        }
        else
        {
            printf("Thread %d join failed\n", no);
        }


    }
    pthread_mutex_destroy(&mutex);
```

```
      return 0;

}
```

该示例的运行结果如下。这里 3 个线程之间的运行顺序跟创建线程的顺序相同。

```
$ ./thread_mutex
Create treads success
Waiting for threads to finish...
Thread 0 is starting
        Thread 0: job 0 delay = 2
        Thread 0: job 1 delay = 5
        Thread 0: job 2 delay = 4
Thread 0 finished
Thread 0 joined
Thread 1 is starting
        Thread 1: job 0 delay = 6
        Thread 1: job 1 delay = 1
        Thread 1: job 2 delay = 3
Thread 1 finished
Thread 1 joined
Thread 2 is starting
        Thread 2: job 0 delay = 4
        Thread 2: job 1 delay = 5
        Thread 2: job 2 delay = 2
Thread 2 finished
Thread 2 joined
```

5.3 线程属性

读者是否还记得 pthread_create()函数的第二个参数（pthread_attr_t *attr）的含义？ 该参数表示线程的属性。在上一个示例中，将该值设为 NULL，也就是采用默认属性，线程的多项属性都是可以更改的。线程的常用属性主要包括分离属性、堆栈大小以及调度策略和优先级。其中系统默认的属性为非分离、默认 1MB 的堆栈以及与主线程同样的调度策略和相同的优先级。下面介绍分离属性。

分离属性是用来决定一个线程何时释放自己的资源。在非分离情况下，当一个线程结束时，它所占用的系统资源并没有被释放，也就是没有真正的终止。只有当 pthread_join()函数返回时，线程才能释放自己占用的系统资源。而在分离情况下，一个线程结束时立即释放它所占有的系统资源。

　　线程属性的设置可通过相关的函数来完成。通常先调用 pthread_attr_init()函数进行初始化，之后再设置相应的属性，最后调用 pthread_attr_destroy()函数进行清理和回收。

　　表 5.9 所示为 pthread_attr_init()函数的语法要点。

表 5.9　　　　　　　　　　　　pthread_attr_init()函数语法要点

所需头文件	#include <pthread.h>
函数原型	int pthread_attr_init(pthread_attr_t *attr);
函数传入值	attr：线程属性
函数返回值	成功：0
	出错：返回错误码

　　表 5.10 所示为 pthread_attr_setdetachstate()函数的语法要点。

表 5.10　　　　　　　　　　pthread_attr_setdetachstate()函数语法要点

所需头文件	#include <pthread.h>	
函数原型	int pthread_attr_setscope(pthread_attr_t *attr, int detachstate);	
函数传入值	attr：线程属性	
	detachstate	PTHREAD_CREATE_DETACHED：分离
		PTHREAD _CREATE_JOINABLE：非分离
函数返回值	成功：0	
	出错：返回错误码	

　　表 5.11 所示为 pthread_attr_getschedparam()函数的语法要点。

表 5.11　　　　　　　　　　pthread_attr_getschedparam()函数语法要点

所需头文件	#include <pthread.h>
函数原型	int pthread_attr_getschedparam (pthread_attr_t *attr, struct sched_param *param);
函数传入值	attr：线程属性
	param：调度参数
函数返回值	成功：0
	出错：返回错误码

嵌入式应用程序设计综合教程

表 5.12 所示为 pthread_attr_setschedparam()函数的语法要点。

表 5.12	pthread_attr_setschedparam()函数语法要点	
所需头文件	#include <pthread.h>	
函数原型	int pthread_attr_setschedparam (pthread_attr_t *attr, struct sched_param *param);	
函数传入值	attr：线程属性	
	param：调度参数	
函数返回值	成功：0	
	出错：返回错误码	

下面的示例创建一个线程，这个线程具有分离属性，主线程通过一个 finish_flag 标志变量来获得线程结束的消息，并不调用 pthread_join()函数。

```c
/*thread_attr.c*/
#include <stdio.h>
#include <stdlib.h>
#include <pthread.h>

#define REPEAT_NUM          3          /* 线程中的小任务数 */
#define DELAY_TIME_LEVELS 6.0          /* 小任务之间的最大时间间隔 */
int finish_flag = 0;


void *thrd_func(void *arg)
{
    int delay_time = 0;
    int count = 0;

    printf("Thread is starting\n");
    for (count=0; count<REPEAT_NUM; count++)
    {
        delay_time = (int)(rand() * DELAY_TIME_LEVELS/(RAND_MAX)) + 1;
        sleep(delay_time);
        printf("\tThread : job %d delay = %d\n", count, delay_time);
    }


    printf("Thread finished\n");
    finish_flag = 1;
```

136

```
        pthread_exit(NULL);
}

int main(void)
{
        pthread_t thread;
        pthread_attr_t attr;
        int no = 0, res;
        void * thrd_ret;

        srand(time(NULL));
        /* 初始化线程属性对象 */
        res = pthread_attr_init(&attr);
        if (res != 0)
        {
            printf("Create attribute failed\n");
            exit(res);
        }



         /* 设置线程分离属性 */
        res = pthread_attr_setdetachstate(&attr, PTHREAD_CREATE_DETACHED);
        if (res != 0)
        {
            printf("Setting attribute failed\n");
            exit(res);
        }



        res = pthread_create(&thread, &attr, thrd_func, NULL);
        if (res != 0)
        {
            printf("Create thread failed\n");
            exit(res);
        }
        /* 释放线程属性对象 */
        pthread_attr_destroy(&attr);
```

```
        printf("Create thread success\n");


        while(!finish_flag)
        {
            printf("Waiting for thread to finish...\n");
            sleep(2);
        }
    return 0;
}
```

接下来可以在线程运行前后使用 free 命令查看内存的使用情况。运行结果如下。

```
$ ./thread_attr
Create tread success
Waiting for thread to finish...
Thread is starting
Waiting for thread to finish...
     Thread : job 0 delay = 3
Waiting for thread to finish...
     Thread : job 1 delay = 2
Waiting for thread to finish...
Waiting for thread to finish...
Waiting for thread to finish...
Waiting for thread to finish...
     Thread : job 2 delay = 5
Thread finished

/* 程序运行之前 */
$ free
                total      used       free      shared    buffers    cached
Mem:           255556    191940      63616         10       5864     61360
-/+ buffers/cache:      124716     130840
Swap:          377488     18352     359136

/* 程序运行之中 */
$ free
                total      used       free      shared    buffers    cached
Mem:           255556    191948      63608         10       5888     61336
```

```
-/+ buffers/cache:      124724      130832
Swap:       377488      18352      359136


/* 程序运行之后 */
$ free
           total     used     free     shared     buffers     cached
Mem:       255556    191940    63616          10       5904      61320
-/+ buffers/cache:    124716   130840
Swap:      377488     18352    359136
```

可以看到，线程在运行结束后就收回了系统资源，并释放内存。

5.4　多线程实验

1．实验目的

通过编写经典的"生产者消费者"问题的实验，读者可以进一步熟悉 Linux 中的多线程编程，并且掌握用信号量处理线程间的同步和互斥问题。

2．实验内容

"生产者—消费者"问题描述如下。

有一个有限缓冲区（这里用有名管道实现 FIFO 式缓冲区）和两个线程：生产者和消费者，它们分别不停地把产品放入缓冲区和从缓冲区中拿走产品。一个生产者在缓冲区满的时候必须等待，一个消费者在缓冲区空的时候也必须等待。另外，因为缓冲区是临界资源，所以生产者和消费者之间必须互斥执行。它们之间的关系如图 5.3 所示。

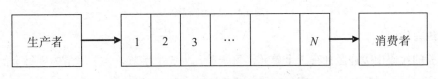

图 5.3　"生产者—消费者"问题描述

这里要求使用有名管道来模拟有限缓冲区，并且使用信号量来解决"生产者—消费者"问题中的同步和互斥问题。

3．实验步骤

（1）信号量分析。

这里使用 3 个信号量，其中两个信号量 avail 和 full 分别用于解决生产者和消费者线程之间的同步问题，mutex 是用于这两个线程之间的互斥问题。其中 avail 表示缓冲区中的空单元数，初始值为 N；full 表示缓冲区中非空单元数，初始值为 0；mutex 是互斥信号量，初始值为 1（读者可以用互斥锁来实现互斥操作）。

（2）画出流程图。

本实验流程图如图 5.4 所示。

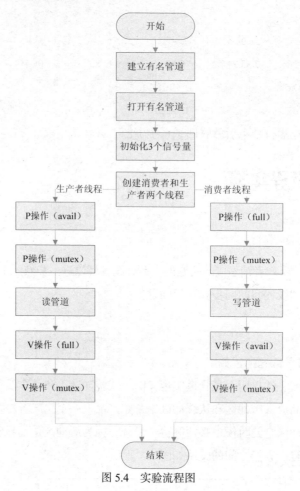

图 5.4　实验流程图

（3）编写代码。

本实验的代码中缓冲区拥有 3 个单元，每个单元为 5 个字节。为了尽量体现每个信号量的意义，在程序中生产过程和消费过程是随机（采取 0～5s 的随机时间间隔）进行的，而且生产者的速度比消费者的速度平均快两倍左右（这种关系可以相反）。生产者一次生产一个单元的产品（放入 hello 字符串），消费者一次消费一个单元的产品。

```
/*producer-customer.c*/
#include <stdio.h>

#include <stdlib.h>

#include <unistd.h>

#include <fcntl.h>

#include <pthread.h>
```

140

```
#include <errno.h>

#include <semaphore.h>

#include <sys/ipc.h>

#define MYFIFO            "myfifo"      /* 缓冲区有名管道的名字 */

#define BUFFER_SIZE       3            /* 缓冲区的单元数 */

#define UNIT_SIZE         5            /* 每个单元的大小 */

#define RUN_TIME          30           /* 运行时间 */

#define DELAY_TIME_LEVELS 5.0          /* 周期的最大值 */


int fd;

time_t end_time;

sem_t mutex, full, avail;             /* 3 个信号量 */


/*生产者线程*/

void *producer(void *arg)

{

    int real_write;

    int delay_time = 0;


    while(time(NULL) < end_time)

    {

        delay_time = (int)(rand() * DELAY_TIME_LEVELS/(RAND_MAX) / 2.0) + 1;

        sleep(delay_time);

        /*P 操作信号量 avail 和 mutex*/

        sem_wait(&avail);

        sem_wait(&mutex);

        printf("\nProducer: delay = %d\n", delay_time);

        /*生产者写入数据*/

        if ((real_write = write(fd, "hello", UNIT_SIZE)) == -1)

        {

            if(errno == EAGAIN)

            {

                printf("The FIFO has not been read yet.Please try later\n");

            }

        }

        else
```

```
        {
            printf("Write %d to the FIFO\n", real_write);
        }


        /*V 操作信号量 full 和 mutex*/
        sem_post(&full);
        sem_post(&mutex);
    }

    pthread_exit(NULL);
}
/* 消费者线程*/
void *customer(void *arg)
{
    unsigned char read_buffer[UNIT_SIZE];
    int real_read;
    int delay_time;

    while(time(NULL) < end_time)
    {
        delay_time = (int)(rand() * DELAY_TIME_LEVELS/(RAND_MAX)) + 1;
        sleep(delay_time);
        /*P 操作信号量 full 和 mutex*/
        sem_wait(&full);
        sem_wait(&mutex);
        memset(read_buffer, 0, UNIT_SIZE);
        printf("\nCustomer: delay = %d\n", delay_time);

        if ((real_read = read(fd, read_buffer, UNIT_SIZE)) == -1)
        {
            if (errno == EAGAIN)
            {
                printf("No data yet\n");
            }
        }
        printf("Read %s from FIFO\n", read_buffer);
        /*V 操作信号量 avail 和 mutex*/
```

```
        sem_post(&avail);

        sem_post(&mutex);

    }

    pthread_exit(NULL);

}


int main()

{

    pthread_t thrd_prd_id,thrd_cst_id;

    pthread_t mon_th_id;

    int ret;


    srand(time(NULL));

    end_time = time(NULL) + RUN_TIME;

    /*创建有名管道*/

    if((mkfifo(MYFIFO, O_CREAT|O_EXCL) < 0) && (errno != EEXIST))

    {

        printf("Cannot create fifo\n");

        return errno;

    }

    /*打开管道*/

    fd = open(MYFIFO, O_RDWR);

    if (fd == -1)

    {

        printf("Open fifo error\n");

        return fd;

    }

    /*初始化互斥信号量为1*/

    ret = sem_init(&mutex, 0, 1);

    /*初始化 avail 信号量为N*/

    ret += sem_init(&avail, 0, BUFFER_SIZE);

    /*初始化 full 信号量为0*/

    ret += sem_init(&full, 0, 0);

    if (ret != 0)

    {

        printf("Any semaphore initialization failed\n");
```

嵌入式应用程序设计综合教程

```
        return ret;
    }
    /*创建两个线程*/
    ret = pthread_create(&thrd_prd_id, NULL, producer, NULL);
    if (ret != 0)
    {
        printf("Create producer thread error\n");
        return ret;
    }
    ret = pthread_create(&thrd_cst_id, NULL, customer, NULL);
    if(ret != 0)
    {
        printf("Create customer thread error\n");
        return ret;
    }
    pthread_join(thrd_prd_id, NULL);
    pthread_join(thrd_cst_id, NULL);
    close(fd);
    unlink(MYFIFO);
    return 0;
}
```

4. 实验结果

运行该程序，结果如下。

```
$ ./producer_customer
……
Producer: delay = 3
Write 5 to the FIFO


Customer: delay = 3
Read hello from FIFO


Producer: delay = 1
Write 5 to the FIFO


Producer: delay = 2
```

```
Write 5 to the FIFO


Customer: delay = 4
Read hello from FIFO


Customer: delay = 1
Read hello from FIFO


Producer: delay = 2
Write 5 to the FIFO
……
```

小结

　　本章首先讲解了 Linux 中线程库的基本操作函数,包括线程的创建、退出和取消等,通过示例程序给出了比较典型的线程编程框架。

　　接下来,本章讲解了线程的控制操作。在线程的操作中必须实现线程间的同步和互斥,其中包括互斥锁线程控制和信号量线程控制。

　　后面还简单描述了线程属性相关概念、相关函数以及比较简单的典型实例。

　　最后,本章的实验是一个经典的"生产者—消费者"问题,可以使用线程机制很好地实现,希望读者能够认真地编程实验,进一步理解多线程的同步和互斥操作。

思考与练习

　　1. 通过查找资料,查看主流的嵌入式操作系统是如何处理多线程操作的。

　　2. 将一个多进程程序改写成多线程程序,对两者加以比较。

第**6**章

Linux 网络编程基础

本章主要介绍嵌入式 Linux 网络编程的基础知识。随着智能产品的不断普及，网络通信在嵌入式中的应用更加广泛。因此，这部分的内容对于应用开发来说非常重要。

本章主要内容：

- 网络体系结构；
- 网络基础编程；
- 服务器模型；
- NTP 客户端的实现。

6.1　网络体系结构

6.1.1　OSI 模型和 TCP/IP 模型

网络体系结构指的是网络的分层结构以及每层使用的协议的集合。其中最著名的就是 OSI 协议参考模型，它是基于国际标准化组织（ISO）的建议发展起来的。它分为 7 个层次：应用层、表示层、会话层、传输层、网络层、数据链路层及物理层。这个 7 层的协议模型规定得非常细致和完善，但在实际中没有被广泛地应用，其重要的原因之一就在于它过于复杂。尽管如此，它仍是此后很多协议模型的基础。与此相区别的 TCP/IP 模型将 OSI 的 7 层协议模型简化为 4 层，从而更有利于实现和高效通信。TCP/IP 参考模型和 OSI 参考模型的对应关系如图 6.1 所示。

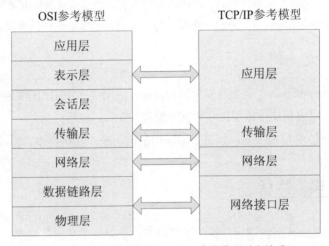

图 6.1　OSI 参考模型和 TCP/IP 参考模型对应关系

TCP/IP 是一个复杂的协议族，是由一组专业化协议组成的。这些协议包括 IP、TCP、UDP、ARP、ICMP 以及其他的一些被称为子协议的协议。TCP/IP 的前身是由美国国防部在 20 世纪 60 年代末为其远景研究规划署网络（ARPANET）而开发的。由于低成本以及在多个不同平台通信的可靠性，TCP/IP 迅速发展并开始流行。它实际上已成为局域网和 Internet 的标准协议。下面具体讲解各层在 TCP/IP 整体架构中的作用。

1. 网络接口层

网络接口层（Network Interface Layer）是 TCP/IP 的最底层，负责将二进制流转换为数据帧，并进行数据帧的发送和接收。数据帧是网络传输的基本单元。

2. 网络层

网络层（Internet Layer）负责在主机之间的通信中选择数据包的传输路径，即路由。当网络层接收到传输层的请求后，传输某个具有目的地址信息的分组。该层把分组封装在 IP 数据包中，填入数据包的首部，使用路由算法来确定是直接交付数据包，还是把它传递给路由器，最后把数据包交给适当的网络接口进行传输。

网络层还要负责处理传入的数据包，检验其有效性，使用路由算法来决定应该对数据包进行本地处理还是应该转发。

如果数据包的目的机处于本机所在的网络，该层软件就会除去数据包的首部，再选择适当的传输层协议来处理这个分组。最后，网络层还要根据需要发出和接收 ICMP（Internet 控制报文协议）差错和控制报文。

3. 传输层

传输层（Transport Layer）负责实现应用程序之间的通信服务，这种通信又称为端到端通信。传输层要系统地管理信息的流动，还要提供可靠的传输服务，以确保数据到达无差错、无乱序。为了达到这个目的，传输层协议软件要进行协商，让接收方回送确认信息及让发送方重发丢失的分组。传输层协议软件把要传输的数据流划分为分组，把每个分组连同目的地址交给网络层去发送。

4. 应用层

应用层（Application Layer）是分层模型的最高层。应用程序使用相应的应用层协议，把封装好的数据提交给传输层或是从传输层接收数据并处理。

综上可知，TCP/IP 分层模型每一层负责不同的通信功能，互相协作，完成网络传输要求。

6.1.2 TCP/IP 模型特点

TCP/IP 是目前 Internet 上使用最广泛的互联协议，下面简单介绍其特点。

1. TCP/IP 模型边界特性

TCP/IP 分层模型中有两大边界特性：一个是地址边界特性，它将 IP 逻辑地址与底层网络的硬件地址分开；另一个是操作系统边界特性，它将网络应用与协议软件分开，如图 6.2 所示。

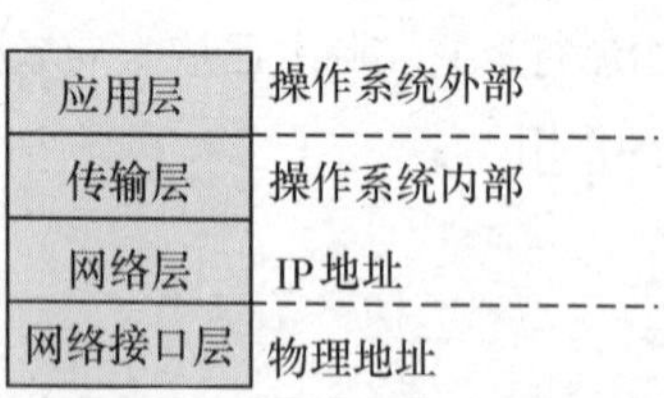

应用层	操作系统外部
传输层	操作系统内部
网络层	IP 地址
网络接口层	物理地址

图 6.2　TCP/IP 分层模型边界特性

TCP/IP 分层模型边界特性是指在模型中存在一个地址上的边界，它将底层网络的物理地址与网络层的 IP 地址分开。该边界出现在网络层与网络接口层之间。

网络层和其上的各层均使用 IP 地址，网络接口层则使用物理地址，即底层网络设备的硬件地址。TCP/IP 提供在两种地址之间进行映射的功能。划分地址边界的目的是为了屏蔽底层物理网络的地址细节，以便使网络软件地址上易于实现和理解。

影响操作系统边界划分的最重要因素是协议的效率问题，在操作系统内部实现的协议软件，其数据传递的效率明显要高。

2．IP 层特性

IP 层作为通信子网的最高层，提供无连接的数据包传输机制，但 IP 协议并不能保证 IP 包传递的可靠性。TCP/IP 设计原则之一是为包容各种物理网络技术，包容性主要体现在 IP 层中。各种物理网络技术在帧或包格式、地址格式等方面差别很大，TCP/IP 的重要思想之一就是通过 IP 将各种底层网络技术统一起来，达到屏蔽底层细节，提供统一虚拟网的目的。

IP 向上层提供统一的 IP 包，使得各种网络帧或包格式的差异性对高层协议不复存在。IP 层是 TCP/IP 实现异构网互联最关键的一层。

3．TCP/IP 的可靠性特性

在 TCP/IP 网络中，IP 采用无连接的数据包机制，即只管将数据包尽力传送到目的主机，无论传输正确与否，不做验证，不发确认，也不保证数据包的顺序。TCP/IP 的可靠性体现在传输层协议之一的 TCP。TCP 提供面向连接的服务，因为传输层是端到端的，所以 TCP/IP 的可靠性被称为端到端可靠性。

综上可知，TCP/IP 的特点就是将不同的底层物理网络、拓扑结构隐藏起来，向用户和应用程序提供通用、统一的网络服务。这样，从用户的角度看，整个 TCP/IP 网络就是一个统一的整体，它独立于具体的各种物理网络技术，能够向用户提供一个通用的网络服务。

TCP/IP 网络完全撇开了底层物理网络的特性，是一个高度抽象的概念，正是由于这个原因，其为 TCP/IP 网络赋予了巨大的灵活性和通用性。

6.1.3　TCP 和 UDP

在 TCP/IP 协议族中有很多种协议，如图 6.3 所示。

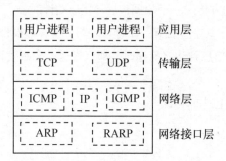

图 6.3　TCP/IP 协议族不同分层中的协议

TCP/IP 协议群中的核心协议被设计运行在网络层和传输层，它们为网络中的各主机提供通信服务，也为模型的最高层——应用层——中的协议提供服务。

在此主要介绍在网络编程中涉及的 TCP 和 UDP。

1. TCP

（1）概述。

TCP 向应用层提供可靠的面向连接的数据流传输服务。它能提供高可靠性通信（即数据无误、数据无丢失、数据无失序、数据无重复到达）。

通过源/目的 IP 可以唯一地区分网络中两个设备，再通过源/目的端口可以唯一地区分网络中两个通信的应用程序。

（2）3 次握手协议。

TCP 是面向连接的协议。所谓面向连接，就是当计算机双方通信时必须先建立连接，然后进行数据通信，最后关闭连接。TCP 在建立连接时包括三个步骤。

第一步（A→B）：主机 A（客户端）向主机 B（服务器端）发送一个包含 SYN（同步, syn=j）标志的 TCP 报文，并进入 SYN_SEND 状态，等待服务器确认。

第二步（B→A）：主机 B 在收到客户端的 SYN 报文后，将返回一个 SYN+ACK(ack=j+1, syn=k)的报文，表示主机 B 的 SYN 被确认，此时服务器进入 SYN_RECV 状态。

第三步（A→B）：客户端 A 收到服务器的 SYN+ACK 报文后，向服务器发送确认 ACK(ack=k+1)报文，客户端和服务器端进入 ESTABLISHED 状态，完成 TCP 连接。图 6.4 所示为这个流程的简单示意图。

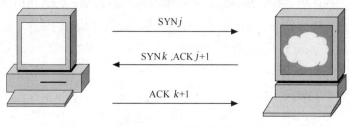

图 6.4　TCP 3 次握手协议

在 TCP 通信过程中发送方传送一个数据包后，将启动计时器。当该数据包到达目的地后，接收方将往回发送一个数据包，其中包含有一个确认序号，确认希望收到的下一个数据包的顺序号。如果发送方的定时器在确认信息到达之前超时，那么发送方会重发该数据包。

（3）TCP 数据包头。

图 6.5 所示为 TCP 数据包头的格式。

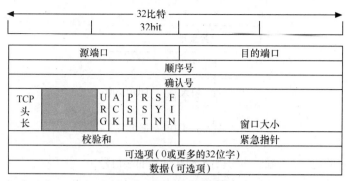

图 6.5　TCP 数据包头的格式

① 源端口、目的端口：16bit，标识出本地和远端的端口号。

② 顺序号：32bit，标识发送的数据包的顺序。

③ 确认号：32bit，希望收到的下一个数据包的序列号。

④ TCP 头长：4bit，表明 TCP 头中包含多少个 32bit。

⑤ 6bit 未用。

⑥ ACK：ACK 位置 1 表明确认号是合法的；如果 ACK 为 0，那么数据包不包含确认信息，确认字段被省略。

⑦ PSH：表示是带有 PUSH 标志的数据。因此请求数据包一到接收方便可送往应用程序而不必等到缓冲区装满时才传送。

⑧ RST：用于复位由于主机崩溃或其他原因而出现的错误的连接，还可以用于拒绝非法的数据包或拒绝连接请求。

⑨ SYN：用于建立连接。

⑩ FIN：用于关闭连接。

⑪ 窗口大小：16bit，窗口大小字段表示在确认了字节之后还可以发送多少个字节。

⑫ 校验和：16bit，是为了确保高可靠性而设置的，它校验头部和数据之和。

⑬ 可选项：0 个或多个 32bit，包括最大 TCP 载荷、窗口比例、选择重发数据包等选项。

2. UDP

（1）概述。

UDP 即用户数据报协议，是一种面向无连接的不可靠传输协议，具有资源消耗小、处理速度快的特点。

由于 UDP 通信之前不需要先建立一个连接，因此 UDP 应用要比 TCP 应用更加简单。UDP 比 TCP 更为高效，也能更好地解决实时性的问题。目前为止，包括网络视频会议系统在内的众多的客户/服务器模式的网络应用都使用 UDP。

（2）UDP 数据包头。

UDP 数据包头如图 6.6 所示。

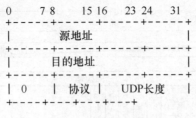

图 6.6 UDP 数据包头

① 源地址、目的地址：16bit，标识出本地和远端的端口号。

② 数据包的长度是指包括包头和数据部分在内的总的字节数。因为包头的长度是固定的，所以该域主要用来表示数据部分的长度（又称为数据负载）。

3. 协议的选择

协议的选择应该考虑到数据可靠性、应用的实时性和网络的可靠性。

（1）对数据可靠性要求高的应用需选择 TCP，而对数据的可靠性要求不那么高的应用可选择 UDP。

（2）TCP 中的 3 次握手、重传确认等手段可以保证数据传输的可靠性，但使用 TCP 会有较大的时延，因此不适合对实时性要求较高的应用；而 UDP 则有很好的实时性。

（3）网络状况不是很好的情况下需选用 TCP（如在广域网等情况），网络状况很好的情况下选择 UDP 可以减少网络负荷。

6.2 网络基础编程

6.2.1 套接字概述

1. 套接字定义

套接字最早是由 BSD 在 1982 年引入的通信机制，目前已被广泛移植到主流的操作系统中。对于应用开发人员来说，套接字（Socket）是一种特殊的 I/O 接口，也是一种文件描述符。Socket 是一种常用的进程之间通信机制，不仅能实现本地不同进程之间的通信，而且通过网络能够在不同主机的进程之间进行通信。

对于网络通信而言，每一个 Socket 都可用网络地址结构{协议、本地地址、本地端口}来表示。Socket 通过一个专门的函数创建，并返回一个整型的 Socket 描述符。随后的各种操作都是通过 Socket 描述符来实现的。

2. 套接字类型

常见的 Socket 类型有如下 3 种。

（1）流式套接字（SOCK_STREAM）。

流式套接字提供可靠的、面向连接的通信流，保证数据传输的可靠性和按序收发。TCP 通信使用的就是流式套接字。

（2）数据报套接字（SOCK_DGRAM）。

数据报套接字实现了一种不可靠、无连接的服务。数据通过相互独立的报文进行传输，是无序的，并且不保证可靠的传输。UDP 通信使用的就是数据报套接字。

（3）原始套接字（SOCK_RAW）。

原始套接字允许对底层协议（如 IP 或 ICMP）进行直接访问，它功能强大但使用较为不便，主要用于一些协议的开发。

6.2.2　IP 地址

1. IP 地址的作用

IP 地址用来标识网络中的一台主机。根据不同的协议版本，分为 Ipv4（32 位）和 Ipv6（128 位），本书主要讨论基于 Ipv4 协议的网络通信。一个 IP 地址包含两部分：网络号和主机号。其中，网络号和主机号根据子网掩码来区分。简单地说，有了源 IP 和目标 IP，数据包就能在不同的主机之间传输。

2. IP 地址格式转换

IP 地址有两种不同格式：十进制点分形式和 32 位二进制形式。前者是用户所熟悉的形式，而后者则是网络传输中 IP 地址的存储方式。

IPv4 地址转换函数有 inet_aton()、inet_addr() 和 inet_ntoa()，而 IPv4 和 IPv6 兼容的函数有 inet_pton() 和 inet_ntop()。由于 IPv6 是下一代互联网的标准协议，因此本书在具体举例时仍以 IPv4 为主。inet_addr 和 inet_pton() 函数是将十进制点分形式转换为二进制形式（例如，将 IPv4 的地址字符串 "192.168.1.123" 转换为 4 个字节的数据（从低字节起依次为 192、168、1、123）），而 inet_ntop() 是 inet_pton() 的反向操作，将二进制地址形式转换为十进制点分形式。

表 6.1 所示为 inet_addr() 函数的语法要点。

表 6.1　　　　　　　　　　　　　inet_addr() 函数语法要点

所需头文件	#include <arpa/inet.h>
函数原型	int inet_addr(const char *strptr);
参数	strptr：要转换的 IP 地址字符串
函数返回值	成功：32 位二进制 IP 地址(网络字节序)
	出错：−1

表 6.2 所示为 inet_pton()函数的语法要点。

表 6.2 inet_pton()函数语法要点

所需头文件	#include <arpa/inet.h>	
函数原型	int inet_pton(int family, const char *src, void *dst);	
参数	family	AF_INET：IPv4 协议
		AF_INET6：IPv6 协议
	src：要转换的 IP 地址字符串	
	dst：存放转换后的地址的缓冲区	
函数返回值	成功：0	
	出错：−1	

表 6.3 所示为 inet_ntop()函数的语法要点。

表 6.3 inet_ntop()函数语法要点

所需头文件	#include <arpa/inet.h>	
函数原型	char *inet_ntop(int family, void *src, char *dst, size_t len);	
参数	family	AF_INET：IPv4 协议
		AF_INET6：IPv6 协议
	src：要转换的二进制 IP 地址	
	dst：存放十进制地址字符串的缓冲区	
	len：缓冲区的长度	
函数返回值	成功：返回 dst	
	出错：NULL	

3. 地址结构相关处理

（1）数据结构介绍。

下面首先介绍两个重要的数据类型：sockaddr 和 sockaddr_in，这两个结构类型都是用来表示地址信息的，其定义如下。

```
struct sockaddr
{
    unsigned short sa_family; /*地址族*/
```

```
        char sa_data[14]; /*14 字节的协议地址*/
};
struct sockaddr_in
{
        short int sin_family; /*地址族*/
        unsigned short int sin_port; /*端口号*/
        struct in_addr sin_addr; /*IP 地址*/
        unsigned char sin_zero[8]; /*填充 0 以保持与 struct sockaddr 同样大小*/
};
```

这两个数据类型大小相同,通常用 sockaddr_in 来保存某个网络地址,在使用时强转成 sockaddr 类型的指针。

（2）结构字段。

表 6.4 所示为该结构 sa_family 字段可选的常见值。

表 6.4　　　　　　　　　　　　　　sa_family 字段值

结构定义头文件	#include <netinet/in.h>
sa_family	AF_INET：IPv4 协议
	AF_INET6：IPv6 协议
	AF_LOCAL：UNIX 域协议
	AF_LINK：链路地址协议
	AF_KEY：密钥套接字

sockaddr_in 其他字段的含义非常清楚,具体的设置涉及其他函数,在后面会有详细的讲解。

6.2.3　端口

很多学习网络编程的开发者不太理解端口的含义和作用。下面从以下几个方面介绍。

（1）端口（号）是一个无符号短整型,取值范围从 0 到 65535。

（2）端口号是系统的一种资源,0 到 1023 一般被系统程序所使用。

（3）TCP 端口号 UDP 端口号独立,互不影响。

（4）如果说 IP 地址可以用来表示网络中的一台主机,那么端口号可以用来代表主机内部的某个套接字。换句话说,当一个套接字创建好后,需要把它和某个 IP 地址及端口号绑定，这样双方才能实现端到端的通信。

6.2.4　字节序

字节序又称为主机字节序 Host Byte Order，HBO，是指计算机中多字节整型数据的存储方式。字节序有两种：大端（高位字节存储在低位地址，低位字节存储在高位地址）和小端（和大端序相反，PC 通常采用小端模式）。在网络通信中，发送方和接收方有可能使用不同的字节序，为了保证数据接收后能被正确地解析处理，统一规定：数据以高位字节优先顺序在网络上传输。因此数据在发送前和接收后都需要在主机字节序和网络字节序之间转换。

（1）函数说明。

字节序转换涉及 4 个函数：htons()、ntohs()、htonl()和 ntohl()。这里的 h 代表 host，n 代表 network，s 代表 short，l 代表 long。通常 16bit 的 IP 端口号用前两个函数处理，而 IP 地址用后两个函数来转换。调用这些函数只是使其得到相应的字节序，用户不需要知道该系统的主机字节序和网络字节序是否真正相等。如果相同不需要转换的话，该系统的这些函数会定义成空宏。

（2）函数格式。

表 6.5 所示为这 4 个函数的语法格式。

表 6.5　　　　　　　　　　　　　htons 等函数语法要点

所需头文件	#include <netinet/in.h>
函数原型	uint16_t　htons(unit16_t　hostshort)； uint32_t　htonl(unit32_t　hostlong)； uint16_t　ntohs(unit16_t　netshort)； uint32_t　ntohl(unit32_t　netlong)；
函数传入值	hostshort：主机字节序的 16bit 数据
	hostlong：主机字节序的 32bit 数据
	netshort：网络字节序的 16bit 数据
	netlong：网络字节序的 32bit 数据
函数返回值	成功：返回转换字节序后的数值
	出错：−1

6.2.5　TCP 编程

1．函数说明

socket 编程的基本函数有 socket()、bind()、listen()、accept()、send()、sendto()、recv()以及 recvfrom()等。下面先简单介绍上述函数的功能，再结合流程图具体说明

（1）socket()：该函数用于创建一个套接字，同时指定协议和类型。

（2）bind()：该函数将保存在相应地址结构中的地址信息与套接字进行绑定。它主要用于服务器端，客户端创建的套接字可以不绑定地址。

（3）listen()：在服务端程序成功建立套接字并与地址进行绑定之后，通过调用 listen()函数将套接字设置成监听模式（被动模式），准备接收客户端的连接请求。

（4）accept()：服务器端通过调用 accept()函数等待并接收客户端的连接请求。建立好TCP 连接后，该函数会返回一个新的已连接套接字。

（5）connect()：客户端通过该函数向服务器端的监听套接字发送连接请求。

（6）send()和 recv()：这两个函数通常在 TCP 通信过程中用于发送和接收数据，也可以用在 UDP 中。

（7）sendto()和 recvfrom()：这两个函数一般在 UDP 通信过程中用于发送和接收数据。当用在TCP 时，后面的几个与地址有关的参数不起作用，函数作用等同于 send()和 recv()。

服务器端和客户端使用 TCP 的流程如图 6.7 所示。

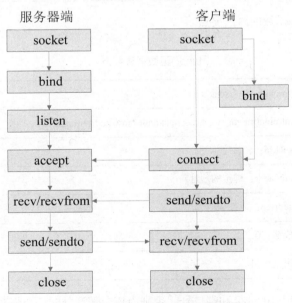

图 6.7　使用 TCP 时 Socket 编程流程图

2. 函数格式

表 6.6 所示为 socket()函数的语法要点。

表 6.6 socket()函数语法要点

所需头文件	#include <sys/socket.h>	
函数原型	int socket(int family, int type, int protocol);	
函数传入值	family：协议族	AF_INET：IPv4 协议
		AF_INET6：IPv6 协议
		AF_LOCAL：UNIX 域协议
		AF_ROUTE：路由套接字
		AF_KEY：密钥套接字
	type：套接字类型	SOCK_STREAM：流式套接字
		SOCK_DGRAM：数据报套接字
		SOCK_RAW：原始套接字
	protocol：0（原始套接字除外）	
函数返回值	成功：非负套接字描述符	
	出错：−1	

表 6.7 所示为 bind()函数的语法要点。

表 6.7 bind()函数语法要点

所需头文件	#include <sys/socket.h>
函数原型	int bind(int sockfd, struct sockaddr *my_addr, int addrlen);
函数传入值	sockfd：套接字描述符
	my_addr：绑定的地址
	addrlen：地址长度
函数返回值	成功：0
	出错：−1

绑定时一般需要指定 IP 地址和端口号，否则内核会随意分配一个临时端口给该套接字。IP 地址可以直接指定本机的 IP 地址（如 inet_addr(" 192.168.1.112 ")），或者使用宏 INADDR_ANY，允许将套接字与服务器的任一网络接口（如 eth0、eth0:1、eth1 等）进行绑定。

表 6.8 所示为 listen()函数的语法要点。

表 6.8　　　　　　　　　　　listen()函数语法要点

所需头文件	#include <sys/socket.h>
函数原型	int listen(int sockfd, int backlog);
函数传入值	sockfd：套接字描述符
	backlog：请求队列中允许的最大请求数，大多数系统默认值为 5
函数返回值	成功：0
	出错：−1

表 6.9 所示为 accept()函数的语法要点。

表 6.9　　　　　　　　　　　accept()函数语法要点

所需头文件	#include <sys/socket.h>
函数原型	int accept(int sockfd, struct sockaddr *addr, socklen_t *addrlen);
函数传入值	sockfd：套接字描述符
	addr：用于保存客户端地址
	addrlen：地址长度
函数返回值	成功：建立好连接的套接字描述符
	出错：−1

表 6.10 所示为 connect()函数的语法要点。

表 6.10　　　　　　　　　　　connect()函数语法要点

所需头文件	#include <sys/socket.h>
函数原型	int connect(int sockfd, struct sockaddr *serv_addr, int addrlen);
函数传入值	sockfd：套接字描述符
	serv_addr：服务器端地址
	addrlen：地址长度
函数返回值	成功：0
	出错：−1

表 6.11 所示为 send()函数的语法要点。

表 6.11 send()函数语法要点

所需头文件	#include <sys/socket.h>
函数原型	int send(int sockfd, const void *buf, int len, int flags);
函数传入值	sockfd：套接字描述符
	buf：发送缓冲区的地址
	len：发送数据的长度
	flags：一般为 0
函数返回值	成功：实际发送的字节数
	出错：−1

表 6.12 所示为 recv()函数的语法要点。

表 6.12 recv()函数语法要点

所需头文件	#include <sys/socket.h>
函数原型	int recv(int sockfd, void *buf,int len, unsigned int flags);
函数传入值	sockfd：套接字描述符
	buf：存放接收数据的缓冲区
	len：接收数据的长度
	flags：一般为 0
函数返回值	成功：实际接收到的字节数
	出错：−1

表 6.13 所示为 sendto()函数的语法要点。

表 6.13 sendto()函数语法要点

所需头文件	#include <sys/socket.h>
函数原型	int sendto(int sockfd, const void *buf,int len, unsigned int flags, const struct sockaddr *to, int tolen);
函数传入值	sockfd：套接字描述符
	buf：发送缓冲区首地址
	len：发送数据的长度
	flags：一般为 0
	to：接收方套接字的 IP 地址和端口号
	tolen：地址长度
函数返回值	成功：实际发送的字节数
	出错：−1

表 6.14 所示为 recvfrom()函数的语法要点。

表 6.14	recvfrom()函数语法要点
所需头文件	#include <sys/socket.h>
函数原型	int recvfrom(int sockfd,void *buf, int len, unsigned int flags, struct sockaddr *from, int *fromlen);
函数传入值	sockfd：套接字描述符
	buf：存放接收数据的缓冲区
	len：数据长度
	flags：一般为 0
	from：发送方的 IP 地址和端口号信息
	fromlen：地址长度
函数返回值	成功：实际接收到的字节数
	出错：−1

3. 编程示例

该示例分为服务器端和客户端两部分。

服务端的代码如下。

```c
/*server.c*/
#include <stdio.h>
#include <sys/types.h>
#include <sys/socket.h>
#include <stdlib.h>
#include <string.h>
#include <unistd.h>
#include <netinet/in.h>
#include <arpa/inet.h>

#define BUFFER_SIZE       128

int main(int argc, char *argv[])
{
    int listenfd, connfd;
    struct sockaddr_in servaddr, cliaddr;
    socklen_t peerlen;
    char buf[BUFFER_SIZE];
```

```c
if (argc < 3)
{
    printf("Usage : %s <ip> <port>\n", argv[0]);
    exit(-1);
}

/*建立 Socket 连接*/
if ((listenfd = socket(AF_INET,SOCK_STREAM,0))== -1)
{
    perror("socket");
    exit(-1);
}
printf("listenfd = %d\n", listenfd);

/*设置 sockaddr_in 结构体中相关参数*/
bzero(&servaddr, sizeof(servaddr));
servaddr.sin_family = AF_INET;
servaddr.sin_port = htons(atoi(argv[2]));
servaddr.sin_addr.s_addr = inet_addr(argv[1]);

/*绑定函数 bind()*/
if (bind(lisenfd, (struct sockaddr *)&servaddr, sizeof(servaddr)) < 0)
{
    perror("bind");
    exit(-1);
}
printf("bind success!\n");

/*调用 listen()函数，设置监听模式*/
if (listen(listenfd, 10) == -1)
{
    perror("listen");
    exit(-1);
}
```

```
        printf("Listening....\n");


        /*调用 accept()函数，等待客户端的连接*/
        peerlen = sizeof(cliaddr);
        while ( 1 )
        {
            if ((connfd = accept(listenfd, (struct sockaddr *)&cliaddr, &peerlen)) <
0)

            {
                perror("accept");
                exit(-1);
            }


        /*调用 recv()函数接收客户端发送的数据*/
            memset(buf , 0, sizeof(buf));
            if (recv(connfd, buf, BUFFER_SIZE, 0)) == -1)
            {
                perror("recv");
                exit(-1);
            }
            printf("Received a message: %s\n", buf);
            strcpy(buf, "Welcome to server");
            send(connfd, buf, BUFFER_SIZE, 0);
            close(connfd);
        }


        close(listenfd);
        exit(0);
}
```

客户端的代码如下。

```
/*client.c*/
……/*头文件的部分跟 server.c 相同*/
#define BUFFER_SIZE 128


int main(int argc, char *argv[])
{
```

```
int sockfd;
char buf[BUFFER_SIZE] = "Hello Server";
struct sockaddr_in servaddr;

if (argc < 3)
{
    printf("Usage : %s <ip> <port>\n", argv[0]);
    exit(-1);
}



/*创建 Socket*/
if ((sockfd = socket(AF_INET, SOCK_STREAM, 0)) == -1)
{
    perror("socket");
    exit(-1);
}


/*设置 sockaddr_in 结构体中相关参数*/
bzero(&servaddr, sizeof(servaddr));
servaddr.sin_family = AF_INET;
servaddr.sin_port = htons(atoi(argv[2]));
servaddr.sin_addr = inet_addr(argv[1]);


/*调用 connect() 函数向服务器端建立 TCP 连接*/
if(connect(sockfd,(struct sockaddr *)&servaddr,
                        sizeof(servaddr))== -1)
{
    perror("connect");
    exit(-1);
}
/*发送消息给服务器端*/
send(sockfd, buf, sizeo(buf), 0);
if (recv(sockfd, buf, sizeof(buf), 0) == -1)
{
    perror("recv");
```

```
    exit(-1);
  }
  printf("recv from server : %s\n", buf);
  close(sockfd);
  exit(0);
}
```

在运行时需要先启动服务器端，再启动客户端。无论是服务器端还是客户端程序在运行时，都需要带上两个参数，代表是服务器端监听套接字绑定的 IP 地址和端口。

```
$ ./server 192.168.1.100 9999
listenfd = 3
Bind success!
Listening....
Received a message: Hello Server
$ ./client 192.168.1.100 9999
recv from server : Welcome to server
```

6.2.6　UDP 编程

使用 UDP 协议通信时服务器端和客户端无需建立连接，只要知道对方套接字的地址信息，就可以发送数据。服务器端只需创建一个套接字用于接收不同客户端发来的请求，经过处理后再把结果发送给对应的客户端。

服务器端和客户端使用 UDP 的流程图如图 6.8 所示。

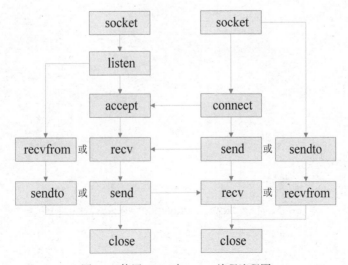

图 6.8　使用 UDP 时 Socket 编程流程图

1. 函数格式

请读者参考 6.2.5 小节。

2. 编程示例

该示例分为服务器端和客户端两部分。

服务端的代码如下。

```c
/*server.c*/
#include <stdio.h>
#include <sys/types.h>
#include <sys/socket.h>
#include <stdlib.h>
#include <string.h>
#include <unistd.h>
#include <netinet/in.h>
#include <arpa/inet.h>


#define BUFFER_SIZE      128


int main(int argc, char *argv[])
{
    int sockfd;
    struct sockaddr_in servaddr, cliaddr;
    socklen_t peerlen;
    char buf[BUFFER_SIZE];

    if (argc < 3)
    {
        printf("Usage : %s <ip> <port>\n", argv[0]);
        exit(-1);
    }

    /*建立 Socket 连接*/
    if ((sockfd = socket(AF_INET,SOCK_DGRAM,0))== -1)
    {
        perror("socket");
```

```
            exit(-1);
        }
        printf("sockfd = %d\n", listenfd);


        /*设置 sockaddr_in 结构体中相关参数*/
        bzero(&servaddr, sizeof(servaddr));
        servaddr.sin_family = AF_INET;
        servaddr.sin_port = htons(atoi(argv[2]));
        servaddr.sin_addr.s_addr = inet_addr(argv[1]);



        /*绑定函数 bind()*/
        if (bind(lisenfd, (struct sockaddr *)&servaddr, sizeof(servaddr)) < 0)
        {
            perror("bind");
            exit(-1);
        }
        printf("bind success!\n");



        /*调用 recvfrom()函数，等待接收客户端的数据*/
        peerlen = sizeof(cliaddr);
        while ( 1 )
        {
        if (recvfrom(sockfd, buf, sizeof(buf), 0, (struct sockaddr *)&cliaddr,
&peerlen)) < 0)
            {
                perror("recvfrom");
                exit(-1);
            }

            printf("Received a message: %s\n", buf);
            strcpy(buf, "Welcome to server");
            sendto(sockfd, buf, sizeof(buf), 0, (struct sockaddr *)&cliaddr, peerlen);
        }
```

```
        close(listenfd);
        exit(0);
}
```

客户端的代码如下。

```
/*client.c*/
……/*头文件的部分跟 server.c 相同*/
#define BUFFER_SIZE 128

int main(int argc, char *argv[])
{
    int sockfd;
    char buf[BUFFER_SIZE] = "Hello Server";
    struct sockaddr_in servaddr;

    if (argc < 3)
    {
        printf("Usage : %s <ip> <port>\n", argv[0]);
        exit(-1);
    }

    /*创建 Socket*/
    if ((sockfd = socket(AF_INET, SOCK_DGRAM, 0)) == -1)
    {
        perror("socket");
        exit(-1);
    }

    /*设置 sockaddr_in 结构体中相关参数*/
    bzero(&servaddr, sizeof(servaddr));
    servaddr.sin_family = AF_INET;
    servaddr.sin_port = htons(atoi(argv[2]));
    servaddr.sin_addr = inet_addr(argv[1]);

    /*发送消息给服务器端*/
    sendto(sockfd, buf, sizeo(buf), 0, (struct sockaddr *)&servaddr,
```

```
sizeof(servaddr));
    if (recvfrom(sockfd, buf, sizeof(buf), 0, NULL, NULL) < 0)
    {
        perror("recvfrom");
        exit(-1);
    }
    printf("recv from server : %s\n", buf);
    close(sockfd);
    exit(0);
}
```

程序运行方式和打印信息与前面的 TCP 示例相同。需要提醒读者注意的是：在 UDP 示例中，虽然服务器端和客户端都调用 recvfrom 函数接收数据，但是最后两个参数不一样。对于服务器端来说，收到的数据有可能来自任何一个客户端。因此，服务器端需要保存客户端的地址信息，才能够把数据发送回去。而对于客户端来说，只会有服务器端发送数据过来。因此，客户端接收数据时不需要保存服务器端的地址。

6.3　服务器模型

在网络通信过程中，服务器端通常需要处理多个客户端。由于多个客户端的请求可能会同时到来，服务器端可采用不同的方法来处理。总体上来说，服务器端可采用两种模型来实现：循环服务器模型和并发服务器模型。

循环服务器模型是指服务器端依次处理每个客户端，直到当前客户端的所有请求处理完毕，再处理下一个客户端。这类模型的优点是简单，缺点显而易见。特别是 TCP 循环服务器模型，由于必须先处理完当前客户端，容易造成其他客户端等待时间过长的情况。

为了提高服务器的并发处理能力，又引入了并发服务器模型。其基本思想是在服务器端采用多任务机制（多进程或多线程），分别为每个客户端创建一个任务来处理，极大地提高了服务器的并发处理能力。

下面具体介绍循环服务器模型和并发服务器模型的流程及实现。为了更好地进行对比，本节均以 TCP 为例讨论相关模型。

6.3.1　循环服务器（TCP）

1. 运行介绍

TCP 循环服务器是一种常用的模型，其工作流程如下。

（1）服务器端从连接请求队列中提取请求，建立连接并返回新的已连接套接字。

（2）服务器端通过已连接套接字循环接收数据，处理并发送给客户端，直到客户端关闭连接。

（3）服务器端关闭已连接套接字，返回步骤（1）。

2．特点分析

通过上面对服务器执行过程的介绍，可得到以下结论。

（1）服务器端采用循环嵌套来实现。外层循环依次提取每个客户端的连接请求，建立 TCP 连接。内层循环接收并处理当前客户端的所有数据，直到客户端关闭连接。

（2）如果当前客户端没有处理结束，其他客户端必须一直等待。

注意：采用这种模型的服务器端无法同时为多个客户端服务。

3．编程示例

下面实现 TCP ECHO 服务器端和客户端。服务器端接收到客户端数据后，原封不动发送回去（回射服务）；客户端运行时，用户从键盘输入字符串，发送给服务器端并接收返回的数据，直到用户输入 quit 后退出。

```c
/* echo_server.c */
/* 省略重复的#include 部分*/
#define BUFFER_SIZE       128

int main(int argc, char *argv[])
{
    int listenfd, connfd, n;
    struct sockaddr_in servaddr, cliaddr;
    socklen_t peerlen;
    char buf[BUFFER_SIZE];

    if (argc < 3)
    {
        printf("Usage : %s <ip> <port>\n", argv[0]);
        exit(-1);
    }

    /*建立 Socket 连接*/
    if ((listenfd = socket(AF_INET,SOCK_STREAM,0))== -1)
    {
        perror("socket");
        exit(-1);
```

```
    }

    /*设置 sockaddr_in 结构体中相关参数*/
    bzero(&servaddr, sizeof(servaddr));
    servaddr.sin_family = AF_INET;
    servaddr.sin_port = htons(atoi(argv[2]));
    servaddr.sin_addr.s_addr = inet_addr(argv[1]);


    /*绑定函数 bind()*/
    if (bind(lisenfd, (struct sockaddr *)&servaddr, sizeof(servaddr)) < 0)
    {
        perror("bind");
        exit(-1);
    }


    /*调用 listen()函数，设置监听模式*/
    if (listen(listenfd, 10) == -1)
    {
        perror("listen");
        exit(1);
    }


    /*调用 accept()函数，等待客户端的连接*/
    peerlen = sizeof(cliaddr);
    while ( 1 )
    {
        if ((connfd = accept(listenfd, (struct sockaddr *)&cliaddr, &peerlen)) <
0)
        {
            perror("accept");
            exit(-1);
        }
        printf(" connection from [%s:%d]\n ", inet_ntoa(cliaddr.sin_addr), ntohs
(cliaddr.sin_port));
```

```
/*调用 recv()函数接收客户端发送的数据*/
    while ((n = recv(connfd, buf, BUFFER_SIZE, 0)) > 0)
    {
        printf("echo : %s", buf);
        send(connfd, buf, n, 0);
        exit(-1);
    }
    printf("client is closed\n");
    close(connfd);
}


    close(listenfd);
    exit(0);
}
```

客户端代码如下

```
/*echo_client.c*/
……/*头文件的部分跟 server.c 相同*/
#define BUFFER_SIZE 128

int main(int argc, char *argv[])
{
    int sockfd;
    char buf[BUFFER_SIZE];
    struct sockaddr_in servaddr;

    if (argc < 3)
    {
        printf("Usage : %s <ip> <port>\n", argv[0]);
        exit(-1);
    }



    /*创建 Socket*/
    if ((sockfd = socket(AF_INET, SOCK_STREAM, 0)) == -1)
    {
```

```
        perror("socket");
        exit(-1);
    }


/*设置 sockaddr_in 结构体中相关参数*/
bzero(&servaddr, sizeof(servaddr));
servaddr.sin_family = AF_INET;
servaddr.sin_port = htons(atoi(argv[2]));
servaddr.sin_addr = inet_addr(argv[1]);


/*调用 connect()函数向服务器端建立 TCP 连接*/
if(connect(sockfd,(struct sockaddr *)&servaddr,
                        sizeof(servaddr))== -1)
{
        perror("connect");
        exit(-1);
}

/*循环从键盘输入*/
while ( 1 )
{
    printf("input > ");
    fgets(buf, sizeof(buf), stdin);
    if (strcmp(buf, "quit\n") == 0) break;  /*若输入 input, 跳出循环*/
    send(sockfd, buf, sizeof(buf), 0);  /*发送消息给服务器端*/
    bzero(buf, sizeof(buf));
    recv(sockfd, buf, sizeof(buf), 0);  /*接收服务器端发回的消息*/
    printf("recv from server : %s\n", buf);
}
printf("client exit\n");
close(sockfd);  /*关闭 TCP 连接*/
exit(0);

}
```

运行结果如下。

```
$ ./server 192.168.1.100  9999
echo : abc
echo : 123456
client is closed


$ ./client 192.168.1.100  9999
input > abc
recv from server : abc


input > 123456
recv from server : 123456


input > quit
client exit
```

6.3.2　并发服务器（TCP）

1. 运行介绍

TCP并发服务器模型在网络通信中被广泛使用，既可以采用多进程也可以采用多线程来实现。以多进程为例，其工作流程如下。

（1）服务器端父进程从连接请求队列中提取请求，建立连接并返回新的已连接套接字。

（2）服务器端父进程创建子进程为客户端服务。客户端关闭连接时，子进程结束。

（3）服务器端父进程关闭已连接套接字，返回步骤（1）。

2. 特点分析

通过上面对服务器执行过程的介绍，可得到以下结论。

（1）服务器端父进程一旦接收到客户端的连接请求，建立好连接并创建新的子进程。这意味着每个客户端在服务器端有一个专门的子进程为其服务。

（2）服务器端的多个子进程同时运行（宏观上），处理多个客户端。

（3）服务器端的父进程不具体处理每个客户端的数据请求。

注意：采用这种模型的服务器端需要避免僵死进程。

3. 编程示例

下面采用并发模型实现 TCP ECHO 服务器端。客户端代码参考循环 TCP 模型。

```
/* echo_server.c */
/* 省略重复的#include 部分*/
#include <signal.h>

#define BUFFER_SIZE      128

int main(int argc, char *argv[])
{
    int listenfd, connfd, n;
    pid_t pid;
    struct sockaddr_in servaddr, cliaddr;
    socklen_t peerlen;
    char buf[BUFFER_SIZE];

    if (argc < 3)
    {
        printf("Usage : %s <ip> <port>\n", argv[0]);
        exit(-1);
    }

    /*建立 Socket 连接*/
    if ((listenfd = socket(AF_INET,SOCK_STREAM,0))== -1)
    {
        perror("socket");
        exit(-1);
    }

    /*设置 sockaddr_in 结构体中相关参数*/
    bzero(&servaddr, sizeof(servaddr));
    servaddr.sin_family = AF_INET;
    servaddr.sin_port = htons(atoi(argv[2]));
    servaddr.sin_addr.s_addr = inet_addr(argv[1]);

    /*绑定函数 bind()*/
    if (bind(lisenfd, (struct sockaddr *)&servaddr, sizeof(servaddr)) < 0)
    {
        perror("bind");
        exit(-1);
```

```
    }

    /*调用 listen()函数, 设置监听模式*/
    if (listen(listenfd, 10) == -1)
    {
        perror("listen");
        exit(-1);
    }

    signal(SIGCHLD, SIG_IGN);  /* 忽略 SIGCHLD 信号, 避免僵死进程*/

    /*调用 accept()函数, 等待客户端的连接*/
    peerlen = sizeof(cliaddr);
    while ( 1 )
    {
        if ((connfd = accept(listenfd, (struct sockaddr *)&cliaddr, &peerlen)) < 0)
        {
            perror("accept");
            exit(-1);
        }
        printf(" connection from [%s:%d]\n ", inet_ntoa(cliaddr.sin_addr),
ntohs(cliaddr.sin_port));
        if ((pid = fork()) < 0)  /* 创建子进程 */
        {
            perror("fork");
            exit(-1);
        }
        else if (pid == 0)
        {
            /*调用 recv()函数接收客户端发送的数据*/
            while ((n = recv(connfd, buf, BUFFER_SIZE, 0)) > 0)
            {
                printf("echo : %s", buf);
                send(connfd, buf, n, 0);
                exit(-1);
            }
            printf("client is closed\n");
            exit(0);  /* 子进程结束 */
```

```
    }
    else
    {
        close(connfd);
    }
}


close(listenfd);
exit(0);
}
```

6.4　实验内容——NTP 的客户端实现

1. 实验目的

通过实现 NTP 的练习，进一步掌握 Linux 网络编程，并且提高协议的分析与实现能力，为参与完成综合性项目打下良好的基础。

2. 实验内容

NTP（Network Time Protocol）是用来使计算机时间同步化的一种协议，它可以使计算机对其服务器或时钟源（如石英钟、GPS 等）做同步化，它可以提供高精确度的时间校正（LAN 上与标准时间差小于 1ms，WAN 上几十毫秒），且可用加密确认的方式来防止恶意的网络攻击。

NTP 提供准确时间，首先要有准确的时间来源，这一时间应该是国际标准时间 UTC。NTP 获得 UTC 的时间来源可以是原子钟、天文台、卫星，也可以从 Internet 上获取，这样就有了准确而可靠的时间源。

进行网络协议实现时最重要的是了解协议数据格式。NTP 数据包有 48 个字节，其中 NTP 包头 16 字节，时间戳 32 个字节。其协议格式如图 6.9 所示。

其协议字段的含义如下。

（1）LI：跳跃指示器，警告在当月最后一天的最终时刻插入的迫近闰秒（闰秒）。

（2）VN：版本号。

（3）Mode：工作模式。该字段包括以下值：0 – 预留，1 – 对称行为，3 – 客户机，4 – 服务器，5 – 广播，6 – NTP 控制信息。NTP 具有三种工作模式，分别为主/被动对称模式、客户/服务器模式、广播模式。在主/被动对称模式中，有一对一的连接，双方均可同步对方或被对方同步，先发出申请建立连接的一方工作在主动模式下，另一方工作在被动模式下；客户/服务器模式与主/被动模式基本相同，唯一区别在于客户方可被服务器同步，但服务器不能被客户同步；在广播模式中，有一对多的连接，服务器不论客户工作在何种模式下，都会主动发出时间信息，客户根据此信息调整自己的时间。

（4）Stratum：对本地时钟级别的整体识别。

（5）Poll：有符号整数表示连续信息间的最大间隔。

（6）Precision：有符号整数表示本地时钟精确度。

（7）Root Delay：有符号固定点序号表示主要参考源的总延迟，很短时间内的位 15 到 16 间的分段点。

（8）Root Dispersion：无符号固定点序号表示相对于主要参考源的正常差错，很短时间内的位 15 到 16 间的分段点。

（9）Reference Identifier：识别特殊参考源。

（10）Originate Timestamp：这是向服务器请求分离客户机的时间，采用 64 位时标格式。

（11）Receive Timestamp：这是向服务器请求到达客户机的时间，采用 64 位时标格式。

（12）Transmit Timestamp：这是向客户机答复分离服务器的时间，采用 64 位时标格式。

（13）Authenticator（Optional）：当实现了 NTP 认证模式时，主要标识符和信息数字域就包括已定义的信息认证代码（MAC）信息。

由于 NTP 中涉及比较多的时间相关的操作，从实用性而起见，在本实验中，仅要求实现 NTP 客户端部分的网络通信模块，也就是构造 NTP 字段进行发送和接收，最后与时间相关的操作不需要进行处理。NTP 是作为 OSI 参考模型的高层协议，比较适合采用 UDP 传输协议进行数据传输，专用端口号为 123。在实验中，以国家授时中心服务器（IP 地址为 210.72.145.44）作为 NTP（网络时间）服务器。

3. 实验步骤

（1）画出流程图。

简易 NTP 客户端的实现流程图如图 6.10 所示。

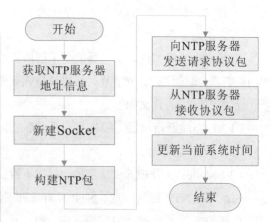

2	5	8	16	24	32bit
LI	VN	Mode	Stratum	Poll	Precision
Root Delay					
Root Dispersion					
Reference Identifier					
Reference timestamp (64)					
Originate Timestamp (64)					
Receive Timestamp (64)					
Transmit Timestamp (64)					
Key Identifier (optional) (32)					
Message digest (optional) (128)					

图 6.9　NTP 协议数据格式　　　　　　　图 6.10　NTP 客户端的实现流程

（2）编写程序。

NTP 的客户端所需要的宏定义和数据结构如下。

```c
/* ntp.c */
……/*省略头文件部分*/
#define NTP_PORT            123                    /*NTP 专用端口号字符串*/
#define TIME_PORT           37                     /*  TIME/UDP 端口号 */
#define NTP_SERVER_IP       "210.72.145.44"        /*国家授时中心 IP*/
#define NTP_PORT_STR        "123"                  /*NTP 专用端口号字符串*/
#define NTPV1               "NTP/V1"               /*协议及其版本号*/
#define NTPV2               "NTP/V2"
#define NTPV3               "NTP/V3"
#define NTPV4               "NTP/V4"
#define TIME                "TIME/UDP"


#define NTP_PCK_LEN 48
#define LI 0
#define VN 3
#define MODE 3
#define STRATUM 0
#define POLL 4
#define PREC -6


#define JAN_1970  0x83aa7e80   /* 从 1900 年到 1970 年之间的秒数 */
#define NTPFRAC(x)      (4294 * (x) + ((1981 * (x)) >> 11))
#define USEC(x)         (((x) >> 12) - 759 * ((((x) >> 10) + 32768) >> 16))


typedef struct _ntp_time
{
    unsigned int coarse;
    unsigned int fine;
} ntp_time;


struct ntp_packet
{
    unsigned char leap_ver_mode;
    unsigned char startum;
    char poll;
```

```
    char precision;

    int  root_delay;

    int  root_dispersion;

    int reference_identifier;

    ntp_time reference_timestamp;

    ntp_time originage_timestamp;

    ntp_time receive_timestamp;

    ntp_time transmit_timestamp;

};
char protocol[32];
```

使用 construct_packet()函数构造 NTP 包，以便发送到 NTP 服务器。

```
/* 构建NTP包 */

int construct_packet(char *packet)

{

    char version = 1;

    long tmp_wrd;

    int port;

    time_t timer;

    strcpy(protocol, NTPV3);

    /*判断协议版本*/

    if(!strcmp(protocol, NTPV1)||!strcmp(protocol, NTPV2)

                ||!strcmp(protocol, NTPV3)||!strcmp(protocol, NTPV4))

    {

        memset(packet, 0, NTP_PCK_LEN);

        port = NTP_PORT;

        /*设置16字节的包头*/

        version = protocol[5] - 0x30;

        tmp_wrd = htonl((LI << 30)|(version << 27)

            |(MODE << 24)|(STRATUM << 16)|(POLL << 8)|(PREC & 0xff));

        memcpy(packet, &tmp_wrd, sizeof(tmp_wrd));


        /*设置 Root Delay、Root Dispersion 和 Reference Indentifier */

        tmp_wrd = htonl(1<<16);

        memcpy(&packet[4], &tmp_wrd, sizeof(tmp_wrd));

        memcpy(&packet[8], &tmp_wrd, sizeof(tmp_wrd));

        /*设置 Timestamp 部分*/
```

```
        time(&timer);
        /*设置 Transmit Timestamp coarse*/
        tmp_wrd = htonl(JAN_1970 + (long)timer);
        memcpy(&packet[40], &tmp_wrd, sizeof(tmp_wrd));
        /*设置 Transmit Timestamp fine*/
        tmp_wrd = htonl((long)NTPFRAC(timer));
        memcpy(&packet[44], &tmp_wrd, sizeof(tmp_wrd));
        return NTP_PCK_LEN;
    }
    else if (!strcmp(protocol, TIME))/* "TIME/UDP" */
    {
        port = TIME_PORT;
        memset(packet, 0, 4);
        return 4;
    }
    return 0;
}
```

通过网络从 NTP 服务器获取 NTP 时间，代码如下。

```
int get_ntp_time(int sk, struct addrinfo *addr, struct ntp_packet *ret_time)
{
    fd_set pending_data;
    struct timeval block_time;
    char data[NTP_PCK_LEN * 8];
    int packet_len, data_len = addr->ai_addrlen, count = 0, result, i, re;
    if (!(packet_len = construct_packet(data)))
    {
        return 0;
    }
    /*客户端给服务器端发送 NTP 数据包*/
    if ((result = sendto(sk, data,
                packet_len, 0, addr->ai_addr, data_len)) < 0)
    {
        perror("sendto");
        return 0;
    }
```

```
/*调用 select()函数，并设定超时时间为 1s*/
FD_ZERO(&pending_data);
FD_SET(sk, &pending_data);
block_time.tv_sec=10;
block_time.tv_usec=0;
if (select(sk + 1, &pending_data, NULL, NULL, &block_time) > 0)
{
    /*接收服务器端的信息*/
    if ((count = recvfrom(sk, data,
            NTP_PCK_LEN * 8, 0, addr->ai_addr, &data_len)) < 0)
    {
        perror("recvfrom");
        return 0;
    }


    if (protocol == TIME)
    {
        memcpy(&ret_time->transmit_timestamp, data, 4);
        return 1;
    }
    else if (count < NTP_PCK_LEN)
    {
        return 0;
    }
    /* 设置接收 NTP 包的数据结构 */
    ret_time->leap_ver_mode = ntohl(data[0]);
    ret_time->startum = ntohl(data[1]);
    ret_time->poll = ntohl(data[2]);
    ret_time->precision = ntohl(data[3]);
    ret_time->root_delay = ntohl(*(int*)&(data[4]));
    ret_time->root_dispersion = ntohl(*(int*)&(data[8]));
    ret_time->reference_identifier = ntohl(*(int*)&(data[12]));
    ret_time->reference_timestamp.coarse = ntohl(*(int*)&(data[16]));
    ret_time->reference_timestamp.fine = ntohl(*(int*)&(data[20]));
    ret_time->originage_timestamp.coarse = ntohl(*(int*)&(data[24]));
    ret_time->originage_timestamp.fine = ntohl(*(int*)&(data[28]));
```

```
        ret_time->receive_timestamp.coarse = ntohl(*(int*)&(data[32]));
        ret_time->receive_timestamp.fine = ntohl(*(int*)&(data[36]));
        ret_time->transmit_timestamp.coarse = ntohl(*(int*)&(data[40]));
        ret_time->transmit_timestamp.fine = ntohl(*(int*)&(data[44]));
        return 1;
    } /* end of if select */
    return 0;
}
```

使用 set_local_time()函数，根据 NTP 数据包信息更新本地的当前时间。

```
int set_local_time(struct ntp_packet * pnew_time_packet)
{
    struct timeval tv;
    tv.tv_sec = pnew_time_packet->transmit_timestamp.coarse - JAN_1970;
    tv.tv_usec = USEC(pnew_time_packet->transmit_timestamp.fine);
    return settimeofday(&tv, NULL);
}
```

主函数如下。

```
int main()
{
    int sockfd, rc;
    struct addrinfo hints, *res = NULL;
    struct ntp_packet new_time_packet;

    memset(&hints, 0, sizeof(hints));
    hints.ai_family = AF_UNSPEC;
    hints.ai_socktype = SOCK_DGRAM;
    hints.ai_protocol = IPPROTO_UDP;
    /*调用 getaddrinfo()函数，获取地址信息*/
    rc = getaddrinfo(NTP_SERVER_IP, NTP_PORT_STR, &hints, &res);
    if (rc != 0)
    {
        perror("getaddrinfo");
        return 1;
    }
    /* 创建套接字 */
    sockfd = socket(res->ai_family, res->ai_socktype, res->ai_protocol);
```

```
    if (sockfd <0 )
    {
        perror("socket");
        return 1;
    }
/*调用取得 NTP 时间的函数*/
    if (get_ntp_time(sockfd, res, &new_time_packet))
    {
        /*调整本地时间*/
        if (!set_local_time(&new_time_packet))
        {
            printf("NTP client success!\n");
        }
    }
    close(sockfd);
    return 0;
}
```

为了更好地观察程序的效果，先用 date 命令修改一下系统时间，再运行实例程序。运行完了之后再查看系统时间，可以发现已经恢复准确的系统时间了。具体运行结果如下。

```
$ date -s "2001-01-01 1:00:00"
2001 年 01 月 01 日 星期一 01:00:00 EST
$ date
2001 年 01 月 01 日 星期一 01:00:00 EST
$ ./ntp
NTP client success!
$ date
能够显示当前准确的日期和时间了!
```

小结

　　本章首先概括地讲解了 OSI 分层结构以及 TCP/IP 各层的主要功能，介绍了常见的 TCP/IP 协议族，并且重点讲解了网络编程中需要用到的 TCP 和 UDP，为嵌入式 Linux 的网络编程打下良好的基础。

　　接着本章介绍了 Socket 的定义及其类型，并逐个介绍常见的 Socket 相关的基本函数，包括地址处理函数、数据存储转换函数等，这些都是网络编程必不可少的，要在理解的基础上熟练掌握。

　　接下来介绍的是网络编程中的基本函数，读者需要注意区别 TCP 和 UDP 编程时不同的流程。

　　最后讲解了服务器模型的概念和相关实现。特别是并发服务器模型，在网络通信中被广泛应用。

　　本章的实验安排了实现一个比较简单但完整的 NTP 客户端程序，主要实现了其中数据收发的主要功能，以及时间同步调整的功能。

思考与练习

　　1. 使用多进程和多线程实现并发服务器的区别是什么？

　　2. 实现一个支持文件传输的服务器端和客户端，分别采用循环服务器和并发服务器模型。

第7章

Linux 高级网络编程

本章主要介绍网络编程高级部分，通过这些方法，可以使得网络程序实现更多的功能，更加完善。

本章主要内容：

- 网络超时检测；
- 广播；
- 组播；
- UNIX 域套接字。

7.1 网络超时检测

在网络通信过程中，经常会出现不可预知的各种情况。例如网络线路突发故障、通信一方异常结束等。一旦出现上述情况，很可能长时间都不会收到数据，而且无法判断是没有数据还是数据无法到达。如果使用的是 TCP 协议，可以检测出来；但如果使用 UDP 协议的话，需要在程序中进行相关检测。

7.1.1 套接字接收超时检测

网络通信的实现涉及多个协议层，开发人员可以通过设定套接字的选项来实现不同的功能。表 7.1 列出了套接字常用的选项及相关说明

表 7.1

选项名称	说明	数据类型
LEVEL : SOL_SOCKET		
SO_BROADCAST	允许发送广播数据	int
SO_DEBUG	允许调试	int
SO_DONTROUTE	不查找路由	int
SO_ERROR	获得套接字错误	int
SO_KEEPALIVE	保持连接	int
SO_LINGER	延迟关闭连接	struct linger
SO_OOBINLINE	带外数据放入正常数据流	int
SO_RCVBUF	接收缓冲区大小	int
SO_SNDBUF	发送缓冲区大小	int
SO_RCVTIMEO	接收超时	struct timeval
SO_SNDTIMEO	发送超时	struct timeval
SO_REUSERADDR	允许重用本地地址和端口	int
SO_TYPE	获得套接字类型	int
LEVEL : IPPROTO_IP		
IP_HDRINCL	在数据包中包含 IP 首部	int
IP_OPTINOS	IP 首部选项	int
IP_TOS	服务类型	int
IP_TTL	生存时间	int
LEVEL : IPPROTO_TCP		
TCP_MAXSEG	TCP 最大数据段的大小	int
TCP_NODELAY	不使用 Nagle 算法	int

套接字的选项很多，分属不同的协议层并有其相应的数据类型。从表中可以看出，大部分选项值的类型是整型，其他的是结构体类型。

用于获取和设置套接字选项的函数是 getsockopt / setsockopt，下面给出函数语法要点。

表 7.2 　　　　　　　　　　　　getsockopt()函数语法要点

所需头文件	#include <sys/types.h> #include <sys/socket.h>
函数原型	int getsockopt (int sockfd, int level, int optname, void *optval, socklen_t *optlen);
函数参数	sockfd：套接字描述符
	level：选项所属协议层
	optval：保存选项值的缓冲区
	optlen：选项值的长度
函数返回值	成功：0
	出错：-1，并设置 errno

表 7.3 　　　　　　　　　　　　setsockopt()函数语法要点

所需头文件	#include <sys/types.h> #include <sys/socket.h>
函数原型	int setsockopt (int sockfd, int level, int optname, const void *optval, socklen_t optlen);
函数参数	sockfd：套接字描述符
	level：选项所属协议层
	optval：设置选项值的缓冲区
	optlen：选项值的长度
函数返回值	成功：0
	出错：-1，并设置 errno

表 7.1 中包含了名为 SO_RCVTIMEO 的选项，其值的类型是 struct timeval，下面利用这个选项实现套接字的接收超时检测。

```
/* setsockopt.c */
#include <stdio.h>
#include <stdlib.h>
#include <unistd.h>
```

```
#include <sys/types.h>
#include <sys/socket.h>
#include <netinet/in.h>
#include <arpa/inet.h>

#define N    64                      /* 缓冲区大小 */
typedef struct sockaddr  SA;/

int main(void)
{
    int sockfd;
    char buf[N];
    struct sockaddr_in servaddr;
    struct timeval t = {6, 0};    /* 设置时间为 6 秒 */

    if ((sockfd = socket(PF_INET, SOCK_DGRAM, 0)) == -1)
    {
        perror("fail to socket");
        exit(-1);
    }

    bzero(&servaddr, sizeof(servaddr));
    servaddr.sin_family = PF_INET;
    servaddr.sin_port = htons(9999);
    servaddr.sin_addr.s_addr = inet_addr("192.168.1.100");
    if (bind(sockfd, (SA *)&servaddr, sizeof(servaddr)) < 0)
    {
        perror("ail to bind");
        exit(-1);
    }

    if(setsockopt(sockfd, SOL_SOCKET, SO_RCVTIMEO, &t, sizeof(t)) < 0)
    {
        perror("fail to setsockopt");
        exit(-1);
    }
```

```
    if (recvfrom(sockfd, buf, N, 0, NULL, NULL) < 0)
    {
        perror("fail to recvfrom");
        exit(-1);
    }
    printf("recv data : %s\n", buf);


    return 0;
}
```

上面的示例程序在接收数据前设置了 6 s 的数据接收超时。如果 6 s 之内没有数据包到来，程序会从 recvfrom 函数返回，进行相应的错误处理。

注意： 套接字一旦设置了超时之后，每一次发送或接收时都会检测。如果要取消超时检测，重新用 setsockopt 函数设置就可以了（把时间值指定成 0 ）。

7.1.2　定时器超时检测

本书在进程间通信一章中介绍了信号机制的原理和编程。利用定时器信号 SIGALRM，可以在程序中创建一个闹钟。当到达目标时间后，指定的信号处理函数被执行。这里同样可以利用 SIGALRM 信号实现超时检测，下面分别介绍相关数据类型和函数。

struct sigaction 是 Linux 中用来描述信号行为的结构体类型，其定义如下：

struct　sigaction {

　　__sighandler_t sa_handler;　　/* 信号处理函数 */

　　unsigned long sa_flags;　　/* 信号标志位 */

　　sigset_t sa_mask;　　/* 信号掩码 */

};

表 7.4　　　　　　　　　　　　　　sigaction()函数语法要点

所需头文件	#include <signal.h>
函数原型	int sigaction (int signo, const struct sigaction *act, struct sigaction *oldact);
函数参数	signo：信号类型
	act：新设定的信号行为
	oldact：原先的信号行为
函数返回值	成功：0
	出错：-1，并设置 errno

使用定时器信号检测超时的示例代码如下

```c
/* setsockopt.c */
#include <stdio.h>
#include <stdlib.h>
#include <unistd.h>
#include <signal.h>
#include <sys/types.h>
#include <sys/socket.h>
#include <netinet/in.h>
#include <arpa/inet.h>

#define N    64                 /* 缓冲区大小 */
typedef struct sockaddr  SA;/

void handler(int signo)
{
    printf("interrupted by SIGALRM\n");
}

int main(void)
{
    int sockfd;
    char buf[N];
    struct sockaddr_in servaddr;
    struct sigaction act;

    if ((sockfd = socket(PF_INET, SOCK_DGRAM, 0)) == -1)
    {
        perror("fail to socket");
        exit(-1);
    }

    bzero(&servaddr, sizeof(servaddr));
    servaddr.sin_family = PF_INET;
    servaddr.sin_port = htons(9999);
```

```
servaddr.sin_addr.s_addr = inet_addr("192.168.1.100");
if (bind(sockfd, (SA *)&servaddr, sizeof(servaddr)) < 0)
{
    perror("fail to bind");
    exit(-1);
}


sigaction(SIGALRM, NULL, &act);
act.sa_handler = handler;  /* 指定信号处理函数 */
act.sa_flags &= ~SA_RESTART;   /* 清楚 SA_RESTART 标志位 */
sigaction(SIGALRM, &act, NULL);


alarm(6);
if (recvfrom(sockfd, buf, N, 0, NULL, NULL) < 0)
{
    perror("fail to recvfrom");
    exit(-1);
}
printf("recv data : %s\n", buf);
alarm(0);   /* 取消定时器 */


return 0;
}
```

上面的示例程序在接收数据前设置了 6 秒后触发的定时器，当目标时间到达时，程序从 recvfrom 函数返回，errno 被设置成 EINTR。

7.2 广播

前面的网络通信中，采用的都是单播（唯一的发送方和接收方）的方式。很多时候，需要把数据同时发送给局域网中的所有主机。例如，通过广播 ARP 包获取目标主机的 MAC 地址。

7.2.1 广播地址

IP 地址用来标识网络中的一台主机。IPV4 协议用一个 32 位的无符号数表示网络地址，包括网络号和主机号。子网掩码表示 IP 地址中网络号占几个字节。对一个 C 类地址来说，子网掩码为 255.255.255.0。

　　每个网段都有其对应的广播地址。以 C 类网段 192.168.1.x 为例，其中最小的地址 192.168.1.0 代表该网段；而最大的地址 192.168.1.255 则是该网段中的广播地址。当我们向这个地址发送数据包时，该网段中所有的主机都会接收并处理。

　　注意：发送广播包时，目标 IP 为广播地址而目标 MAC 是 ff:ff:ff:ff:ff:ff。

7.2.2   广播包的发送和接收

　　广播包的发送和接收通过 UDP 套接字实现。

1. 广播包发送流程

　　广播包发送流程如下。

　　（1）创建 UDP 套接字。

　　（2）指定目标地址和端口。

　　（3）设置套接字选项允许发送广播包。

　　（4）发送数据包。

　　发送广播包的示例代码如下。

```c
/* broadcast_send.c */
#include <stdio.h>
#include <stdlib.h>
#include <unistd.h>
#include <sys/types.h>
#include <sys/socket.h>
#include <netinet/in.h>
#include <arpa/inet.h>


#define N    64              /* 缓冲区大小 */
typedef struct sockaddr  SA;/


int main(int argc, char *argv[])
{
    int sockfd;
    char buf[N]= "This is a broadcast package\n";
    int on = 1;
    struct sockaddr_in dstaddr;
```

```
    if (argc < 3)   /* 检查命令行参数 */
    {
        printf("Usage : <%s> <ip> <port>\n", argv[0]);
        return -1;
    }


    if ((sockfd = socket(PF_INET, SOCK_DGRAM, 0)) == -1)
    {
        perror("fail to socket");
        exit(-1);
    }


    bzero(&dstaddr, sizeof(dstaddr));
    dstaddr.sin_family = PF_INET;
    dstaddr.sin_port = htons(atoi(argv[2]));
    dstaddr.sin_addr.s_addr = inet_addr(argv[1]);


    /* 套接字默认不允许发送广播包，通过修改 SO_BROADCAST 选项使能*/
    if (setsockopt(sockfd, SOL_SOCKET, SO_BROADCAST, &on, sizeof(on)) < 0)
    {
        perror("fail to setsockopt");
        exit(-1);
    }


    while ( 1 )
    {
        sendto(sockfd, buf, N, 0, (SA *)&dstaddr, sizeof(dstaddr));
        sleep(1);
    }


    return 0;
}
```

2．广播包接收流程

广播包接收流程如下。

（1）创建 UDP 套接字。

（2）绑定地址和端口。

（3）接收数据包。

```c
/* broadcast_recv.c */
#include <stdio.h>
#include <stdlib.h>
#include <unistd.h>
#include <sys/types.h>
#include <sys/socket.h>
#include <netinet/in.h>
#include <arpa/inet.h>

#define N    64                /* 缓冲区大小 */
typedef struct sockaddr  SA;/

int main(int argc, char *argv[])
{
    int sockfd;
    char buf[N];
    struct sockaddr_in myaddr, peeraddr;
    socklen_t peerlen = sizeof(peeraddr);

    if (argc < 3)  /* 检查命令行参数 */
    {
        printf("Usage : <%s> <ip> <port>\n", argv[0]);
        return -1;
    }

    if ((sockfd = socket(PF_INET, SOCK_DGRAM, 0)) == -1)
    {
        perror("fail to socket");
        exit(-1);
    }

    bzero(&myaddr, sizeof(myaddr));
    myyaddr.sin_family = PF_INET;
    myaddr.sin_port = htons(atoi(argv[2]));
```

```
    /* 重要: 为了接收广播包, 接收方通常需要绑定广播地址 */

    myaddr.sin_addr.s_addr = inet_addr(argv[1]);

    if (bind(sockfd, (SA *)&myaddr, sizeof(myaddr)) < 0)

    {

        perror("fail to bind");

        exit(-1);

    }


    while ( 1 )

    {

        recvfrom(sockfd, buf, N, 0, (SA *)&peeraddr, &peerlen);

        printf("[%s:%d] %s\n", inet_ntoa(peeraddr.sin_addr),

                            ntohs(peeraddr.sin_port));

    }


    return 0;

}
```

该示例的运行结果如下。

```
$ ./broadcast_recv 192.168.1.255  9999

[192.168.1.100:30126] This is a broadcast package


[192.168.1.100:30126] This is a broadcast package


[192.168.1.100:30126] This is a broadcast package
```

7.3 组播

通过广播可以很方便地实现发送数据包给局域网中的所有主机。但广播同样存在一些问题,例如,频繁地发送广播包造成所有主机数据链路层都会接收并交给上层协议处理,也容易引起局域网的网络风暴。

下面要介绍的一种数据包发送方式称为组播或多播（multicast）。组播可以看成是单播（unicast）和广播（broadcast）的折中。当发送组播数据包时,只有加入指定多播组的主机数据链路层才会处理,其他主机在数据链路层会直接丢掉收到的数据包。换句话说,我们可以通过组播的方式和指定的 若干台主机通信。

7.3.1　组播地址

IPV4 地址分为以下五类。

A 类地址：最高位为 0，主机号占 24 位，地址范围从 1.0.0.1 到 126.255.255.254。

B 类地址：最高两位为 10，主机号占 16 位，地址范围从 128.0.0.1 到 191.254.255.254。

C 类地址：最高 3 位为 110，主机号占 8 位，地址范围从 192.0.1.1 到 223.255.254.254。

D 类地址：最高 4 位为 1110，地址范围从 224.0.0.1 到 239.255.255.254。

E 类地址保留。

其中 D 类地址又被称为组播地址。每一个组播地址代表一个多播组。

7.3.2　组播包的发送和接收

组播包的发送和接收也通过 UDP 套接字实现。

1．组播包发送流程

组播包发送流程如下。

（1）创建 UDP 套接字。

（2）指定目标地址和端口。

（3）发送数据包。

发送组播包的示例代码如下。

```c
/* multicast_send.c */
#include <stdio.h>
#include <stdlib.h>
#include <unistd.h>
#include <sys/types.h>
#include <sys/socket.h>
#include <netinet/in.h>
#include <arpa/inet.h>

#define N    64          /* 缓冲区大小 */
typedef struct sockaddr  SA;/

int main(int argc, char *argv[])
{
    int sockfd;
```

```
char buf[N]="This is a multicast package\n";
struct sockaddr_in dstaddr;

if (argc < 3)   /* 检查命令行参数 */
{
    printf("Usage : <%s> <ip> <port>\n", argv[0]);
    return -1;
}

if ((sockfd = socket(PF_INET, SOCK_DGRAM, 0)) == -1)
{
    perror("fail to socket");
    exit(-1);
}

bzero(&dstaddr, sizeof(dstaddr));
dstaddr.sin_family = PF_INET;
dstaddr.sin_port = htons(atoi(argv[2]));
dstaddr.sin_addr.s_addr = inet_addr(argv[1]);

while ( 1 )
{
    sendto(sockfd, buf, N, 0, (SA *)&dstaddr, sizeof(dstaddr));
    sleep(1);
}

return 0;
}
```

2．组播包接收流程

组播包接收流程如下。

（1）创建 UDP 套接字。

（2）加入多播组。

（3）绑定地址和端口。

（4）接收数据包。

```c
/* multicast_recv.c */
#include <stdio.h>
#include <stdlib.h>
#include <unistd.h>
#include <sys/types.h>
#include <sys/socket.h>
#include <netinet/in.h>
#include <arpa/inet.h>

#define N    64                 /* 缓冲区大小 */
typedef struct sockaddr  SA;/

int main(int argc, char *argv[])
{
    int sockfd;
    char buf[N];
    struct ip_mreq mreq;
    struct sockaddr_in myaddr, peeraddr;
    socklen_t peerlen = sizeof(peeraddr);

    if (argc < 3)   /* 检查命令行参数 */
    {
        printf("Usage : <%s> <ip> <port>\n", argv[0]);
        return -1;
    }

    if ((sockfd = socket(PF_INET, SOCK_DGRAM, 0)) == -1)
    {
        perror("fail to socket");
        exit(-1);
    }

    /*  加入多播组，允许数据链路层处理指定组播包 */
    bzero(&mreq, sizeof(mreq));
    mreq.imr_multiaddr.s_addr = inet_addr(argv[1]);
    mreq.imr_interface.s_addr = htonl(INADDR_ANY);
```

嵌入式应用程序设计综合教程

```c
    if (setsockopt(sockfd, IPPROTO_IP, IP_ADD_MEMBERSHIP, &mreq, sizeof(mreq)) < 0)
    {
        perror("fail to setsockopt");
        exit(-1);
    }

    bzero(&myaddr, sizeof(myaddr));
    myyaddr.sin_family = PF_INET;
    myaddr.sin_port = htons(atoi(argv[2]));
    myaddr.sin_addr.s_addr = inet_addr(argv[1]);
    /* 为套接字绑定组播地址和端口 */
    if (bind(sockfd, (SA *)&myaddr, sizeof(myaddr)) < 0)
    {
        perror("fail to bind");
        exit(-1);
    }

    while ( 1 )
    {
        recvfrom(sockfd, buf, N, 0, (SA *)&peeraddr, &peerlen);
        printf("[%s:%d] %s\n", inet_ntoa(peeraddr.sin_addr),
                            ntohs(peeraddr.sin_port));
    }

    return 0;
}
```

该示例的运行结果如下。

```
$ ./multicast_recv 224.10.10.1 9999
[192.168.1.100:30227] This is a multicast package

[192.168.1.100:30227] This is a multicast package

[192.168.1.100:30227] This is a multicast package
```

注意：读者可以运行网络协议分析工具 wireshark 来捕获组播包，分析组播地址和 MAC 地址之间的对应关系。

7.4 UNIX 域套接字

BSD UNIX 最初引入套接字时只支持本地通信，1986 年之后进行了扩展，开始支持网络协议。很多应用中，前后台进程通过 UNIX 域套接字进行通信。UNIX 域套接字具有使用简单、效率高等特点。UNIX 域套接字分成两种类型：流式套接字类型和用户数据报类型。下面具体介绍 UNIX 域套接字的编程方法。

7.4.1 本地地址

当套接字用于网络通信时，我们用结构体 struct sockaddr_in(包含协议、IP 地址和端口)和某个套接字关联起来。同样，当套接字用于本地通信时，可以用结构体 struct sockaddr_un 描述一个本地地址。

```
struct sockaddr_un {
    unsigned short sun_family;    /* 协议类型 */
    char sun_path[108];    /* 套接字文件路径 */
};
```

在本地通信中，每个套接字文件代表一个本地地址。

7.4.2 UNIX 域流式套接字

UNIX 域流式套接字的用法和 TCP 套接字基本一致，区别在于使用的协议和地址不同。

UNIX 域流式套接字服务器端流程如下。

（1）创建 UNIX 域流式套接字。

（2）绑定本地地址（套接字文件）。

（3）设置监听模式。

（4）接收客户端的连接请求。

（5）发送/接收数据。

服务器端的示例代码如下。

```c
/* unix_stream_server.c */
#include <stdio.h>
#include <stdlib.h>
#include <unistd.h>
#include <sys/types.h>
#include <sys/socket.h>
#include <sys/un.h>
#include <netinet/in.h>
```

嵌入式应用程序设计综合教程

```c
#include <arpa/inet.h>

#define N    64                  /* 缓冲区大小 */
typedef struct sockaddr  SA;/

int main(int argc, char *argv[])
{
    int listenfd, connfd;
    char buf[N];
    struct sockaddr_un myaddr;

    if (argc < 2)  /* 检查命令行参数 */
    {
        printf("Usage : <%s> <sock_file>\n", argv[0]);
        return -1;
    }

    if ((listenfd = socket(PF_UNIX, SOCK_STREAM, 0)) == -1)
    {
        perror("fail to socket");
        exit(-1);
    }

    remove(argv[1]);   /* 删除套接字文件 */
    bzero(&myaddr, sizeof(myaddr));
    myaddr.sun_family = PF_UNIX;
    strcpy(myaddr.sun_path, argv[1]);

    if (bind(listenfd, (SA *)&myaddr, sizeof(myaddr)) < 0)
    {
        perror("fail to bind");
        exit(-1);
    }

    if (listen(listenfd, 10) < 0)
    {
        perror("fail to listen");
        exit(-1);
    }

    while ( 1 )
    {
        if ((connfd = accept(listenfd, NULL, NULL)) < 0)
        {
            perror("fail to accept");
            exit(-1);
        }
        recv(connfd, buf, N, 0);
        printf("recv from client : %s\n", buf);
        close(connfd);
```

```
    }

    return 0;
}
```

UNIX 域流式套接字客户端流程如下。

（1）创建 UNIX 域流式套接字。

（2）指定服务器端地址（套接字文件）。

（3）建立连接。

（4）发送/接收数据。

客户端的示例代码如下。

```c
/* unix_stream_client.c */
#include <stdio.h>
#include <stdlib.h>
#include <unistd.h>
#include <sys/types.h>
#include <sys/socket.h>
#include <sys/un.h>
#include <netinet/in.h>
#include <arpa/inet.h>

#define N    64                   /* 缓冲区大小 */
typedef struct sockaddr SA;/

int main(int argc, char *argv[])
{
    int sockfd;
    char buf[N] = "Hello Server";
    struct sockaddr_un servaddr;

    if (argc < 2)   /* 检查命令行参数 */
    {
        printf("Usage : <%s> <sock_file>\n", argv[0]);
        return -1;
    }

    if ((sockfd = socket(PF_UNIX, SOCK_STREAM, 0)) == -1)
    {
        perror("fail to socket");
        exit(-1);
    }

    bzero(&servaddr, sizeof(servaddr));
    servaddr.sun_family = PF_UNIX;
    strcpy(servaddr.sun_path, argv[1]);

    if (connect(sockfd, (SA *)&servaddr, sizeof(servaddr)) < 0)
    {
```

```
        perror("fail to connect");
        exit(-1);
    }

    send(sockfd, buf, N, 0);
    close(sockfd);

    return 0;
}
```

7.4.3 UNIX 域用户数据报套接字

UNIX 域用户数据报套接字的流程可参考 UDP 套接字，以下仅给出示例代码。

```c
/* unix_dgram_server.c */
#include <stdio.h>
#include <stdlib.h>
#include <unistd.h>
#include <sys/types.h>
#include <sys/socket.h>
#include <sys/un.h>
#include <netinet/in.h>
#include <arpa/inet.h>


#define N    64                 /* 缓冲区大小 */
typedef struct sockaddr  SA;/

int main(int argc, char *argv[])
{
    int sockfd;
    char buf[N];
    struct sockaddr_un myaddr, peeraddr;
    socklen_t peerlen = sizeof(peeraddr);

    if (argc < 2)  /* 检查命令行参数 */
    {
        printf("Usage : <%s> <sock_file>\n", argv[0]);
        return -1;
    }
```

```
    if ((sockfd = socket(PF_UNIX, SOCK_DGRAM, 0)) == -1)
    {
        perror("fail to socket");
        exit(-1);
    }


    remove(argv[1]);  /* 删除套接字文件 */
    bzero(&myaddr, sizeof(myaddr));
    myaddr.sun_family = PF_UNIX;
    strcpy(myaddr.sun_path, argv[1]);


    if (bind(sockfd, (SA *)&myaddr, sizeof(myaddr)) < 0)
    {
        perror("fail to bind");
        exit(-1);
    }


    while ( 1 )
    {
        recvfrom(sockfd, buf, N, 0, (SA *)&peeraddr, &peerlen);
        printf("recvfrom client : %s\n", buf);
        strcpy(buf, "Welcome To Server\n");
        sendto(sockfd, buf, N, 0, (SA *)&peeraddr, peerlen);
    }


    return 0;
}
```

客户端的示例代码如下。

```
/* unix_dgram_client.c */
#include <stdio.h>
#include <stdlib.h>
#include <unistd.h>
#include <sys/types.h>
#include <sys/socket.h>
#include <sys/un.h>
```

```c
#include <netinet/in.h>
#include <arpa/inet.h>

#define N    64                /* 缓冲区大小 */
typedef struct sockaddr  SA;/

int main(int argc, char *argv[])
{
    int sockfd;
    char buf[N] = "Hello Server";
    struct sockaddr_un servaddr, myaddr;

    if (argc < 2)  /* 检查命令行参数 */
    {
        printf("Usage : <%s> <sock_file>\n", argv[0]);
        return -1;
    }

    if ((sockfd = socket(PF_UNIX, SOCK_DGRAM, 0)) == -1)
    {
        perror("fail to socket");
        exit(-1);
    }

    /* 填充服务器端地址 */
    bzero(&servaddr, sizeof(servaddr));
    servaddr.sun_family = PF_UNIX;
    strcpy(servaddr.sun_path, argv[1]);

    /* 填充客户端地址 */
    bzero(&servaddr, sizeof(servaddr));
    servaddr.sun_family = PF_UNIX;
    strcpy(servaddr.sun_path, "sock_client");

    remove("sock_client");
    /* 客户端如果要接收数据必须要绑定某个套接字文件 */
```

```
if (bind(sockfd, (SA *)&myaddr, sizeof(myaddr)) < 0)
{
    perror("fail to bind");
    exit(-1);
}


sendto(sockfd, buf, N, 0, (SA *)&servaddr, sizeof(servaddr));
recvfrom(sockfd, buf, N, 0, NULL, NULL);
printf("recvfrom server : %s\n", buf);
close(sockfd);


return 0;
}
```

小结

　　本章首先介绍了如何在网络程序中实现超时检测。利用网络超时检测技术，可以及时检测到异常情况的出现，避免长时间等待。

　　接下来，本章讲解了如何实现广播和组播。特别是组播，经常用于实现点对多点的应用，如媒体广播等。

　　最后，本章介绍了如何利用套接字实现本地通信。使用 UNIX 域套接字，可以高效地在前后台进程间实现通信。

思考与练习

　　1. 将超时检测加入客户端代码中，判断登录服务器端是否成功。

　　2. 将一个多进程程序改写成多线程程序，对两者加以比较。

参 考 文 献

[1] 华清远见嵌入式培训中心. 嵌入式 Linux 应用程序开发标准教程. 2 版. 北京：人民邮电出版社. 2009

[2] 刘洪涛，孙天泽. 嵌入式系统技术与设计. 北京：人民邮电出版社. 2008.

[3] Daniel P. Bovet，Marco Cesati[美]. 深入理解 Linux 内核. 3 版. 陈莉君，张琼声，张宏伟译. 北京：中国电力出版社. 2007.

[4] Christopher Hallinan[美]. 嵌入式 Linux 开发（英文版）. 北京：人民邮电出版社，2008.

[5] 罗克露，陈云川. 嵌入式软件调试技术. 北京：电子工业出版社，2009.

[6] Neil Matthew，Richard Stones [英]. Linux 程序设计. 3 版陈健，宋健建译. 北京：人民邮电出版社. 2009.

[7] Jonathan Corbet, Alessandro Rubini, Greg Kroah-Hartman[美]. Linux 设备驱动程序. 3 版. 魏永明，等译. 北京：中国电力出版社，2006.

[8] 宋宝华. Linux 设备驱动开发详解. 北京：人民邮电出版社. 2008.